植物王国探奇

植物的谜团

谢宇　主编

花山文艺出版社

河北·石家庄

图书在版编目（CIP）数据

植物的谜团 / 谢宇主编. -- 石家庄 : 花山文艺出
版社，2013.4（2022.2重印）
　　（植物王国探奇）
　　ISBN 978-7-5511-1099-0

　　Ⅰ. ①植… Ⅱ. ①谢… Ⅲ. ①植物－青年读物②植物
－少年读物 Ⅳ. ①Q94-49

　　中国版本图书馆CIP数据核字(2013)第128577号

丛 书 名：植物王国探奇
书　　名：植物的谜团
主　　编：谢　宇
责任编辑：梁东方
封面设计：慧敏书装
美术编辑：胡彤亮
出版发行：花山文艺出版社（邮政编码：050061）
　　　　　（河北省石家庄市友谊北大街 330号）
销售热线：0311-88643221
传　　真：0311-88643234
印　　刷：北京一鑫印务有限责任公司
经　　销：新华书店
开　　本：880×1230　1/16
印　　张：12
字　　数：170千字
版　　次：2013年7月第1版
　　　　　2022年2月第2次印刷
书　　号：ISBN 978-7-5511-1099-0
定　　价：38.00元

编 委 会 名 单

▓ 前 言 ▓

　　植物是生命的主要形态之一，已经在地球上存在了25亿年。现今地球上已知的植物种类约有40万种。植物每天都在旺盛地生长着，从发芽、开花到结果，它们都在装点着五彩缤纷的世界。而花园、森林、草原都是它们手拉手、齐心协力画出的美景。不管是冰天雪地的南极，干旱少雨的沙漠，还是浩渺无边的海洋、炽热无比的火山口，它们都能奇迹般地生长、繁育，把世界塑造得多姿多彩。

　　但是，你知道吗？植物也会"思考"，植物也有属于自己王国的"语言"，它们也有自己的"族谱"。它们有的是人类的朋友，有的却会给人类的健康甚至生命造成威胁。《植物王国探奇》丛书分为《观赏植物世界》《奇异植物世界》《花的海洋》《瓜果植物世界》《走进环境植物》《植物的谜团》《走进药用植物》《药用植物的攻效》8本。书中介绍不同植物的不同特点及其对人类的作用，比如，为什么花朵的颜色、结构都各不相同？观赏植物对人类的生活环境都有哪些影响？不同的瓜果各自都富含哪些营养成分以及对人体分别都有哪些作用？……还有关于植物世界的神奇现象与植物自身的神奇本领，比如，植物是怎样来捕食动物的？为什么小草会跳舞？植物也长有眼睛吗？真的有食人花吗？……这些问题，我们都将一一为您解答。为了让青少年朋友们对植物王国的相关知识有进一步的了解，我们对书中的文字以及图片都做了精心的筛选，对选取的每一种植物的形态、特征、功效以及作用都做了详细的介绍。这样，我们不仅能更加近距离地感受植物的美丽、智慧，还能更加深刻地感受植物的神奇与魔力。打开书本，你将会看到一个奇妙的植物世界。

　　本丛书融科学性、知识性和趣味性于一体，不仅可以使读者学到更多知识，而且还可以使他们更加热爱科学，从而激励他们在科学的道路上不断前进，不断探索。同时，书中还设置了许多内容新颖的小栏目，不仅能培养青少年的学习兴趣，还能开阔他们的视野，对知识量的扩充也是极为有益的。

本书编委会

2013年4月

目 录

人形何首乌之谜

何首乌外形奇特，在中草药家族中应该算是最像人形的了。

1985年5月，在湖南省新化县，有人挖到两株外形酷似一对童男童女的人形何首乌块根，这对"金童玉女"身高均为20厘米，体重都是400克。当地人传说这是千

年难得一见的"何首乌精",吃了可以成仙的。就像《八仙过海》中的传说,张果老就是吃了一种类似人形的药成仙的,这种药应该就是何首乌了。

1993年8月,在福建省寿宁县,也有人挖出来一对外形极似人类"夫妻"的何首乌块根,它们的五官、四肢及性别都很清晰分明,"男性"何首乌高为18厘米,"女性"何首乌高为17厘米。人们见了这对何首乌都觉得非常奇怪,因为它们"身上"都长着不少像小绒毛的细根,有点类似人类的汗毛。

2009年10月,在四川省南充阆中市江南镇大坝村,一个63岁的种田老农也挖出了一株酷似男婴的人形何首乌,这个"婴儿"高约62厘米,重5.8千克。更加令人惊奇的是,这个"婴儿"突出的颧骨和高鼻深目与我国广汉出土的"三星堆人"极为相似。

何首乌因其与人类相似的外形而在民间产生了诸多的传说，不过这些传说基本上都没什么科学依据。但是，为什么很多何首乌的外形会长得那么像人，并且多是"男女"一对呢？这是科学家们所面临的一个实实在在的、严肃的问题。

这个"千古之谜"如果简单地用"巧合"的说法来解释，实在难以令人信服，还有待科学家们从更深的层次加以研究、探索。

小知识

鲁迅先生在《从百草园到三味书屋》中，简略地描写了何首乌的形态。"何首乌藤和木莲藤缠络着，木莲有莲房一般的果实，何首乌有臃肿的根。有人说，何首乌根是有像人形的，吃了便可以成仙，我于是常常拔它起来，牵连不断地拔起来，也曾因此弄坏了泥墙，却从来没有见过有一块根像人样。"

"人参精"之谜

在我国民间流传着很多关于"人参精"的故事。

相传，在古时候，有一位非常忠厚善良的老者。他向来乐善好施，并且常年吃斋、从不杀生。一天，一个颇具仙风道骨、鹤发童颜的道人从他门前经过，老者连忙将其请进家中，与其交谈，发现道人谈吐不凡，话语多有玄妙之处，便更为尊敬他了。以后每当道人路过，老者都会将他请到家中，像贵宾一样礼遇对待。

一天，道人邀请老者去山中他的家做客，老者去了之后发现还有三位宾客，并且都和道人一样鹤发童颜。席间，道人端出一个托盘，上面放着一个白白胖胖的娃娃，邀请大家品尝。老者吓坏了，心想：这些人居然吃小孩，绝不是什么善良之辈，我得赶快逃回家。

饭后，道人发现了老者的不对劲，问罢缘由，不禁哈哈大笑，对老者说："其实刚才那娃娃是千年人参精，吃了可以成仙的。"老者听完，后悔万分，不过为时已晚。

虽然说神话传说中的很多东西都能吸收日月精华，并且具有灵气，人吃了可以成仙、长生不老等，但传说终归是传说。不过人参确实也有些像人的模样，例如，人

参的皮为淡黄色，与人类皮肤的颜色类似；人参主根有许多分叉，叫作侧根，这些侧根就有点类似于人类的"手""脚"。如此看来，"人参精"的说法也不是没有根据的。

小知识

据《神农本草经》记载，人参有"补五脏、安精神、定魂魄、止惊悸、除邪气、明目、开心、益智"等功效，"久服轻身延年"。正是由于人参的药用价值如此之高，所以就显得更加稀奇、名贵了。

"相思草" 起源之谜

　　"相思草"的名字听起来有着非常优美的意境,那么,它的起源究竟如何呢?

　　公元1492年,哥伦布发现了美洲大陆。在那里的一些小岛上,他发现一个奇特的现象:当地的印第安人嘴里随时都叼着一种叶子,似乎一刻都离不开。他觉得十分奇怪,经过了解才知道那是一种一旦吸食就再也离不开且还能引起人兴奋的植物,当地人称之为"灵草"。由于一时吸不到它都会难受,故称作"相思草"。

　　这种相思草其实也就是我们今天的烟草。现在人们都知道吸烟之所以上瘾是因为烟草中含有一种特殊的植物碱,即尼古丁。吸烟有害身体健康,其凶手便是尼古丁,它能引起吸食者一定时间的精神兴奋,如果经常吸食就会很容易上瘾。一旦上瘾,吸食者就再也离不开烟草了,就像人如果不吃饭就会感到饥饿一样,因此,也有人将吸烟上瘾称为"尼古丁饥饿"。

虽然也有人对尼古丁起源于美洲的说法有异议，但现在越来越多的事实证明这种说法的正确性。考古学家在墨西哥的奇阿帕斯州发现一座建于公元432年的庙宇。庙宇内有一座玛雅人举行宗教仪式的浮雕，浮雕上的人正在吸食烟草。之后，一个古代印第安人居住的洞穴在美国的亚利桑那州北部被人们发现。该洞穴大约是公元650年前后挖掘的，洞里遗留有烟斗、烟叶和吸剩下的烟灰。人们还在墨西哥的马德雷山中发现了一个位于海拔1 200米处的山洞，考古学家在那里找到了一个塞有烟叶的土制烟斗。放射性同位素测量表明，烟斗的年龄超过了700岁！

植物中的"舞蹈家"
——舞草

　　舞蹈是人类社会中的一种艺术形式,可是你见过会"跳舞"的植物吗?在我们一般人看来,植物是没有生命、不会运动的"死"物,更别说"跳舞"了。但是,在我国南方,确实生长着这样一种植物中的"舞蹈家"——舞草。

　　顾名思义,这是一种会"跳舞"的植物。虽然称为"舞草",但它却是一种豆科多年生小灌木,而并不是草本植物,株高可达1.5米。

　　舞草的叶子是由三枚小叶组成的三出复叶,其中间顶生的小叶长约8厘米,是比较大的一叶,呈长椭圆形或披针形;侧生的两片小叶仅长2厘米左右,较小,为矩形。

　　舞草又叫"风流草"或"鸡毛草",因为它对阳光特别敏感,受到阳光照射时,侧生的两片小叶马上就会像羽毛似的飘荡起来,大约30秒钟就会重复一次,在阳光强烈时尤其明显。

　　每当夜幕降临,舞草便进入"睡眠"状态。叶柄上举,靠向枝条,顶生小叶下垂,就好像一把合起来的折刀。不过即便在"睡眠"状态下,小叶也仍在徐徐转动,只是速度比白天缓慢了许多。

舞草究竟为什么会"起舞"呢？到目前为止，这仍是个谜。从内因来看，有人认为这是由于植物体内的生长素转移，从而引起植物细胞生长速度的变化而造成的。也有人认为是由于植物体内微弱的生物电流的强度与方向变化造成的。从外因来看，有人认为，这是它们为了适应环境，谋求生存而锻炼出的一种特殊本领。由于舞草生长在热带地区，为了躲避酷热的阳光，继续生存下去，当它受到阳光照射时，两枚叶片就会不停地舞动起来，以防止体内的水分蒸发掉。也有人认为这是它们用以阻止一些愚笨的动物和昆虫接近，而进行的一种自卫方式。不过舞草"起舞"的真正原因，还有待进一步研究和探索。

小知识

现在舞草因其不需刺激就可自行"跳舞"的特性已被作为一种有趣的观赏植物，同时，它还是一种有舒筋、活络、祛瘀等功效的草药。

舞树

在我国西双版纳的原始森林里，有一种十分有趣的小树，每当音乐响起，它们就会随着节奏摇曳摆动，翩翩起舞。如果是优美动听的乐曲，小树的舞蹈动作就更婀娜多姿了；如果是强烈嘈杂的音乐，小树就会停止跳舞。更有趣的是，当人们在小树旁轻轻交谈时，它也会舞动；但是如果吵闹声太大，它就不动了。

致命的相思子

印度某地在许多年前曾经发生过这样一个关于相思子的爱情悲剧。

女孩娜地亚和男孩拉吉是一对青梅竹马、两小无猜的恋人，两人一起长大、一起学习。随着年龄的增长，娜地亚出落得明艳动人、气质不凡，拉吉也长成了一个英俊漂亮、胆气过人的小伙子。周围的人都称赞他们是天生一对，认为他们一定会幸福美满。

当两人到了婚嫁的年龄，拉吉便大着胆子向娜地亚的父母求婚，却因拉吉的父亲只是个地位低下的铁匠，家里太穷而遭到了拒绝。但这并不能阻止两个相爱的年轻人在一起，两人依旧苦苦相恋。他们常常在节日的夜晚来到郊外，点起篝火，默默地相视而坐。不久，这事被娜地亚的父亲发现，他勃然大怒，强行断绝了两人的来往。

由于不能与拉吉见面，娜地亚的思念与日俱增。一日，她在园中散步，忽然被一条惹眼的爬藤所吸引，爬藤缠绕在一棵大树上，叶子长得像羽毛，藤上开出了淡紫色的花朵。娜地亚觉得这

可爱的小花美丽极了，便忍不住采下了几朵插入花瓶。此后，每当路过此地，她都会对这条爬藤多加关注。

春去秋来，爬藤结出了许多长椭圆形的荚果。娜地亚采摘下一捧荚果，将它剥开，不禁心花怒放，荚果中滚出了几粒非常可爱的种子。这种被当地人称作相思子的种子亮晶晶的，红黑相间，颜色分外好看。娜地亚将相思子拿在手里摩挲着，想将它们送给拉吉。但是此时拉吉早已因娜地亚父亲的逼迫而远走他乡了。得知这个消息后，娜地亚伤心至极，绝望之余，便一口气吞下了所有的相思子，香消玉殒了。

这事闹到警署，娜地亚的父亲一口咬定是拉吉害死了娜地亚。但化验结果表明，娜地亚是自杀身亡，死因便是吞服了有毒的相思子。后来，虽然拉吉得到了清白，但一对恋人最终阴阳相隔，令人惋惜。

小知识

相思子虽然美丽，但其种子有剧毒，千万不可食用！特别是去壳的相思子，人只要吃下一粒，便会在数小时或一日内出现恶心、呕吐、肠绞痛、腹泻、便血、呼吸困难和心力衰竭等症状，如不及时治疗，最终将导致死亡。

相思子主要分布在我国华南、台湾、云南及印度、越南等热带地区。如果我们去海南岛、西双版纳等地旅游，常常能见到许多用相思子的种子(红豆)做成的工艺品。但一定要记住，这种红黑相间看似非常美丽的种子，在欣赏把玩之余，也要对它提高警惕。

奇怪的侵略者
——松茸

　　很少有人会对松茸感兴趣，它在植物王国中一直默默地自生自灭，十分不起眼。然而就是这样一个毫不起眼的成员，有一次却摇身一变成了一个蛮横的侵略者，强行侵占了别人的住宅，相当令人费解。

　　在1964年圣诞节前夕，英国的瑞依一家正在兴高采烈地准备出门旅行度过圣诞假期，为了避免旅行归来过于劳累，瑞依太太决定在出门前就将房间打扫干净。

　　当充满乐趣的假期结束后，瑞依一家高高兴兴地返回家中。一推开门走近屋里，他们发现了一个十分奇怪的情形，满屋都长满了松茸。地板、墙壁、天花板，到处都是它们的身影。不过幸好这些松茸长得还并不十分牢固，只要用手指轻轻一碰，松茸便会从它依附的地方掉下来。于是一家人不得不带着疲惫的身体，开始清除这些松茸。

　　瑞依太太用肥皂水将屋子里里外外又重新打扫了一遍，直到屋子像出门前一样干净。一直过了好几天也没有再见到松茸的影子，瑞依一家便将这件事渐渐淡忘了。一周后，一件更奇怪的事情发生了。

　　这天，瑞依太太抱着从菜市场买的蔬菜回到家中，刚打开房门，她就被屋子里的情形惊呆了，手里的蔬菜

掉了一地。只见屋里又满满地被松茸覆盖了。不只家具、地板、墙壁被盖得严严实实，就连小孩的玩具、墙上的镜子都布满了它的足迹。这些松茸比上一次出现的更多，而且长得也更加牢固。

如此看来，这些松茸的出现并不是偶然的事件了。瑞依一家决定调查清楚这些怪松茸为什么会侵占房屋。于是他们请来了著名的植物学专家来进行调查，但令人费解的是，科学家们对松茸进行了彻底的研究之后发现，这些松茸和普通的松茸一样都是无毒的菌类植物，并没有任何区别。科学家们只好在清除了这些松茸之后，又在屋子的各个角落喷上了药剂，以防止它们再生。为了达到彻底消灭这些侵略者的目的，还用高温装置将屋子从头到尾彻底进行了一次消毒。

瑞依一家在科学家们的一再保证下又住进了自己的房间，刚开始，松茸也确实没有再出现过，似乎这一次松茸真的绝迹了。正在大家都松了一口气的时候，这些松茸却又卷土重来了。

两个星期后的一天，当瑞依一家外出归来时，又亲眼目睹了松茸在极短的时间内侵占了所有的地方，包括书本、纸张、衣服和吃饭用的餐具，其蔓延的速度之快令人咋舌。无奈，瑞依一家只好沮丧地搬离了这座怪宅，这次他们真

是彻底败给了这些奇怪的侵略者了。当然，也再没有其他的住户敢搬进来。

为了研究这些奇怪的松茸，科学家们把这里当成研究室搬了进去。可直到连科学家们身上所穿的衣服也成了松茸的殖民地时，也没能找出原因，他们更是用尽了所有的办法都无法彻底消除这些侵略者，只好落荒而逃。

令人不解的是，这些奇怪的松茸只在这间房屋中生长，决不蔓延到邻近的房间。直到现在，松茸为什么会侵占人们的房间仍然是一个未解之谜，有待于进一步研究和探索。

奇特的年轮

　　人们所熟知的年轮，是树木的年龄。一般在气候呈显著季节性变化的地区，多年生木本植物茎内的次生木质部内，每年都要形成一个界限分明的轮纹，叫年轮，也叫生长轮或生长层。从树墩上可以清楚地看到这些同心轮纹。年轮是如何形成的呢？在树皮和树干之间，有一层能不停地由内向外分裂出新细胞的木质部分，通常在春季及夏初生长期形成的细胞，比夏末秋初形成的细胞大得多，所以木质部色浅而宽厚。而夏末秋初生的细胞较小或根本不生长，所以木质部的颜色深而窄。这样就形成了深深浅浅的年轮。年轮一般一年一轮，如果想知道一棵树的年龄，查查有多少圈年轮就知道了。

年轮的用途

　　年轮有许多用途，人们不仅可以通过年轮了解到树木的年龄，甚至还能通过检查树木年轮的类型而知道当地过去的气象情况。

　　年轮可以记录如气候状况、地震或火山喷发等大自然的变化状况。1899年9月，美国阿拉斯加的冰角地区曾发生过两次大地震。科学家通过对附近树木年轮的分析研究，发现这一年树木的年轮较宽，说明树木这一年的生长速度较快。科学家们认为这其中的内在联系是地震改善了树木的生长环境。

一些科学家的研究成果表明,年轮还可以提供该地区过去年代火山爆发的记录。经观察,科学家们发现,在树木的生长期,如果连续有两个夜晚的气温降到-5℃,那么树干年轮上就会有一圈细胞被冻坏。而这种寒冷气候常常与火山爆发有关,因为火山爆发把尘埃和其他一些物质喷入大气层,遮住阳光,并在那里停留2~3年之久,使地球的温度降低。

专家们还发现,针叶松上古老年轮记录的时间与历史上一些著名火山爆发的日期十分吻合。公元前44年,意大利埃得纳火山爆发,烟云经过两年左右才能到达美洲大陆,这与古树在公元前42年形成的年轮十分吻合。历史学家还曾为桑托林火山爆发的时间争论不休,但古松树的年轮证明,这次火山爆发在公元前1628至前1626年之间。

现在,人们只需利用一种专用的钻具,从树皮直钻入树心,然后取出一块薄片,上面就有全部年轮,科学家们由此便可以计算出树木的年龄,了解到气候的变化,以及是否发生过地震或是否有过火山爆发等信息。

阿司匹林树

在非洲卢旺达的原始森林里，有一种常绿的神奇柳树，之所以说它神奇，是因为当地的土著居民如果感冒发烧了，只要从这种树上摘下几片叶子，放在嘴里咀嚼，就能退烧。头痛时，用捣烂的树皮敷在前额，就能解除痛苦。正因为它有如此好的疗效，所以印第安人称它为"神奇之树"。在一些印第安人的部落中，这种取树叶医病的习惯一直延续至今，可是这种树为什么能治病？在很长的一段时间里，人们都无法解释。

1975年，在一次偶然的机会中，美国哈佛大学植物生理学家克莱兰发现了神奇柳树治病的秘密。这种树的树皮中含有阿司匹林。因此，人们称这种柳树为"阿司匹林树"。柳树是一种普通的植物，它不像人类一样会头痛发热，为什么体内会含有这种物质呢？

根据阿司匹林有止痛消炎的作用，克莱兰首次提出阿司匹林是柳树的天然防护剂，当然它不是用来防治头痛发热的，而是用来防止病毒侵害的。这一观点引起了学者们的极大兴趣，他们纷纷对其进行研究。三年后，美国哈福德郡植物实验站的一名学者证实了克莱兰的观点是正确的。他做了一个实验，给患有花叶病的烟草注射阿司匹林，注射以后发现，小虫相继死亡，病症得到了控制。

不过后来，医学工作者们发现，阿司匹林对人体的镇痛解热功能是间接的，其实它是人体内一种非常重要的激素，真正的作用是促使人体分泌更多的前列腺素，从而调节人体的生理功能。也有一些学者认为，阿司匹林是柳树的一种有刺激性的化学武器。它可以迫使柳树旁边的其他植物根系把已经吸收的根部养料和水分渗到土壤里，然后柳树就像"恶霸"一样独吞这些养料和水分。这些学者认为这也是柳树生命力顽强的原因之一。

无论阿司匹林是作为植物的天然防护剂、生长激素，还是化学武器，目前都不能完全解释柳树产阿司匹林的原因，有待科学家对其作进一步研究。

神奇的地下兰花

  绝大多数兰花长在地面上,但是,你相信吗?世界上还有长在地面下的兰花。

  1928年,一个风和日丽的日子,年轻的澳洲农民特洛特在干活时发现地下有一道奇怪的裂缝,于是他蹲下来仔细查看,竟闻到一阵淡淡的清香,他小心翼翼地刮去薄薄的表土,赫然发现地下长着一朵直径1厘米多的小花——兰花。就这样,这位农民发现了兰花的又一个新品种——伽德纳根兰花。

  根兰花长年累月在黑暗的地下生长,习性非常奇特。根兰花的名字源于两个希腊字,意思就是"根"和"花"。根兰花也确实貌如其名,长有一条长约7厘米的蜡质白根,根上长着白色的花瓣,里面包着一小束呈螺旋状排列的紫红色小花。

  这种貌不惊人的小花如何能够安然无恙地在

地下这种极端的环境中生长呢？我们知道，植物要生存下去，就必须吸收阳光进行光合作用以产生维持生存所必需的养料。根兰花与这些传统的地面植物不同的是，它可以不必进行光合作用，而是通过一种真菌从腐烂的蜜桃金娘里吸取它所需要的养料，根兰花维持整个生存所必需的养料就全部靠这种金雀花属灌木——蜜桃金娘植株的残株提供。植物学家们相信，没有这种真菌，根兰花是无法生存的。

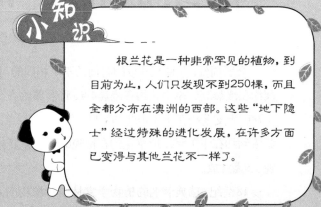

小知识

根兰花是一种非常罕见的植物，到目前为止，人们只发现不到250棵，而且全都分布在澳洲的西部。这些"地下隐士"经过特殊的进化发展，在许多方面已变得与其他兰花不一样了。

根兰花每年5、6月间开花，人们很难发现它的踪迹，因为它从来不探头到地面，唯一可寻的线索便是花朵上的泥土微微拱起，露出一道道细小的裂缝，散发出淡淡的幽香。

花组成的"时钟"

众所周知，各种花开放的时间是不尽相同的。例如，蛇麻花的开花时间约在凌晨3点，牵牛花约在凌晨4点，野蔷薇约在凌晨5点，芍药花约在早上7点，半支莲约在上午10点，鹅鸟菜约在中午12点，万寿菊约在下午3点，紫茉莉约在下午5点，烟草花约在傍晚6点，丝瓜花约在晚上7点，昙花约在晚上9点开放。

18世纪，瑞典著名的植物学家林奈对植物的开花时间进行了多年研究之后，依据植物的这一特点，在自家的大花坛里种上了一些开花时间不同的花卉，由此制成了一个由各种花组成的"花钟"。

由于每种花开放的时间一般是固定的，人们只需看看"花钟"里哪个位置的花开了，就能知道大致的时间了。

林奈对他这种依据各种花卉的开花时间来设计的"花钟"非常自信。他说："这个花钟即使是在阴天也能如钟表般准确报时。"他的朋友为此事还曾与他开玩笑，说他会成为瑞典钟表业的公敌，会令全瑞典的钟表匠失业。

不过林奈最终未能如愿以偿。由于林奈列出的几十种花卉，很多都并不是在同一个季节开花，即便是在同一个季节开花，各种植物的生长环境也不相同，比如有些只在瑞典才能生长，但有的却无法在瑞典成活。19世纪，欧洲好几个植物学家为了验证这个"花钟"的准确性，也做过类似的"花钟"试验，均未能成功。而且这种"花钟"里的植物有很多在阴天根本就不能开放，而并不像林奈所说的不受天气影响。

固定不变的开花时间

相信很多人都听过这样一首根据植物不同花期而编成的歌谣：

一月腊梅凌寒开，二月红梅香雪海。

三月迎春报春来，四月牡丹又吐艳。

五月芍药大又圆，六月栀子香又白。

七月荷花满池开，八月凤仙染指盖。

九月桂花吐芬芳，十月芙蓉千百态。

十一月菊花放异彩，十二月品红顶寒来。

大自然的花草植物都有自己固定的花期。如果我们要欣赏某种花卉，就必须在其开放的时节去看，否则就只能看到花的飘零。这是由于在一年中，植物进入花期的月份是大致不变的。但为什么各种植物都有自己特定的开花时间，而且固定不变呢？

科学家们经过对植物细胞、分子水平的研究发现，这种现象是由植物的遗传基因控制的，植物在长期的自然选择作用下，为了自身的生存，会主动选择最适合自己的生长时间。而且这种习性可以代代相传，并

最终形成固定的开花时间。

　　如在海滨的沙滩上，生活着一种黄棕色硅藻，每当潮水到来之前，它就悄悄地钻进沙底，以免被猛烈的海潮卷走；当潮水退去时，它又立刻钻了出来，沐浴在阳光下，进行光合作用。如果把硅藻装入玻璃缸里拿回家观察，就会发现：即使已没有潮汐的涨落，可它仍然像生活在海滩上一样，每天周期性地上升和下潜，其时间与海水的涨落时间完全一致。

世界上最大的花

在印度尼西亚苏门答腊岛的热带雨林里，生长着一种十分奇特的大花草科属的花。它一生只开一朵花，花特别大，直径一般在1米左右，最大的直径可达1.4米，几乎和我们吃饭的圆桌一样大，是世界上最大的花，因此又叫它"大王花"。

大王花十分罕见，它有5片又大又厚的花瓣，每片长约30~40厘米，鲜红色的花瓣上面还有点点白斑，一朵花就有6~7千克重，花心像个大坛子，可以盛5~6升水，看上去既绚丽又壮观，真可算是世界"花王"了。

大王花刚开的时候，有一点香味，但不到几天就会散发出像腐肉、烂鱼那样难闻的恶臭，这种气味令人难以忍受，并能传送到千米以外，招来一些逐臭的蝇类和甲虫来替它传粉。

奇怪的是，大王花既没有叶子，也没有根、茎。那么，它是如何进行光合

小知识

现在，大王花已到了濒临灭绝的境地，当地人把它作为药用而滥采。它赖以生存的热带雨林也受到人类的大量采伐，使得这种植物越来越少。为了保护大王花，1984年，国际自然和自然资源保护联盟将大王花列为"世界范围内遭受最严重威胁的濒危植物"。

作用的呢？它生长所需的养料又从何而来呢？原来大王花寄生在葡萄科爬岩藤属植物的根或茎的下部，是异养植物。起初，在寄主的寄生部位藤皮裂开，渐渐鼓出一个小包；之后，小包慢慢地长大，9个月后便会开出一朵硕大的花。四五天后便开始凋谢，花瓣的颜色由红变黑、逐渐萎缩，几周后便腐烂成一团糊状物。受精后的雌蕊，逐渐发育成果实，从受精到果实成熟，大约需要7个月左右的时间。生长期间，大王花把它的一种类似蘑菇菌丝体的纤维深深扎进葡萄科植物白粉藤的木质部分，贪婪地吸取白粉藤的大量养料。以维持自己庞大躯体的生长，它需要的浮萍叶、紫萍、无根萍等养料也全来源于别的植物。

大王花的种子比罂粟籽还要小，极小极轻。这么小的种子是如何"挤"进白粉藤坚硬的茎秆里去的呢？这个问题到现在还是个谜。

"短命"的鲜花

所谓"如花美眷，似水流年"，古人常常借花开短暂来感叹人生和青春的短暂。在自然界里，有千年的古树，却没有百日的鲜花，这是为什么呢？花儿都比较娇嫩、受不了烈日的暴晒，也经不起风吹雨打，因此，花的寿命都是比较短暂的。例如，玉兰、唐菖蒲等能开上几天；蒲公英从上午7时开到下午5时左右；牵牛花从上午4时开到10时；昙花晚上8~9点钟开花，只开3~4个小时就凋谢了。

小知识

在热带森林里生长着一种兰花，它的开花时间能持续80天，应该算是世界上最长寿的花了。

如果认为昙花是寿命最短的花，那你就错了。有一种产于南美洲亚马孙河的王莲花，只在清晨的时候开30分钟就凋谢了。小麦的花寿命更为短暂，只开5~30分钟就凋谢了。

一般来说，短命的植物大多生长在寒冷的高原上或干旱的沙漠中，为了适应严酷、恶劣的自然环境，经过长期的自然选择，"锻炼"出了能够迅速生长和迅速开花结果的本领，这是其对生长环境的

巧妙适应。

在严寒的帕米尔高原上，生长着一种叫罗合带的植物。帕米尔高原的夏季十分短暂，每年6月份，大地刚刚回暖，植物就开始生长发芽，为了赶在寒冷季节到来之前完成开花结实的任务，不得不在很短的时间内匆忙地完成整个生命过程，长此以往，便形成了固定的习性。

沙漠里生长着一种典型的短命植物——黄草，它从发芽、生长到死亡，走完整个生命旅程仅需一个月左右的时间。还有一种生长在沙漠里的"短命菊"，完成生长、开花直至死亡的整个生命历程也仅仅需要一个月左右的时间，生命周期真是太短促了。

雪莲能在冰雪中开放的原因

大多数植物都喜欢温暖湿润的生长环境，但在海拔4 500米以上白雪皑皑的青藏高原上，气候条件十分恶劣，寒风呼啸，异常寒冷，由于海拔较高，光照强烈，岩石风化得快，土壤质地十分粗糙。在如此恶劣的自然环境下，一般植物是很难成活的。却有这样一种植物，不论冰雪如何肆虐，寒风多么凛冽，土壤多么贫瘠，都能生长繁衍，并绽放出鲜艳的花朵，它就是雪莲。

雪莲有着自身特殊的结构，这也是它能生长在寒冷贫瘠的雪山上的原因。

雪莲是多年生草本植物，根状茎较粗，呈黑褐色，基部残存多数棕褐色枯叶柄纤维，叶片密集。整个植株犹如一个莲座紧贴在地面上。这种形态非常适合时常发生狂风暴雪的雪山环境，任凭风吹雪打，身体毫不动摇。

雪莲的全身覆盖着一层丝一般的白色绒毛。这使雪莲看上去像是穿了一

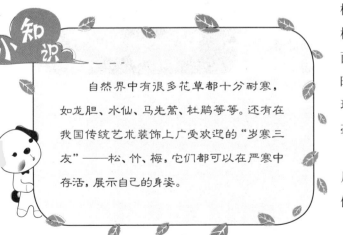

小知识

自然界中有很多花草都十分耐寒，如龙胆、水仙、马先蒿、杜鹃等等。还有在我国传统艺术装饰上广受欢迎的"岁寒三友"——松、竹、梅，它们都可以在严寒中存活，展示自己的身姿。

件能挡风御寒的"皮大衣","皮大衣"将茎叶和花序包得严严实实的, 这给雪莲以很大的保护, 使雪莲能在气温常在零下几十度的雪山免遭冻死。不仅如此, 这些密绒毛还有防止雪莲体内水分散失的功能。如果没有这层绒毛, 雪莲花体内的水分很快就会被雪山上无止无息的狂风吹干。由于绒毛的存在, 再加上叶片又厚又硬, 就使得水分散失得很少, 能够进行正常的生理活动; 绒毛还能够反射掉一部分强烈的辐射光, 从而保护雪莲花不受伤害。

雪莲花的根也十分特别, 长得粗壮坚韧, 穿行于石缝和粗质的土壤之中, 既能吸收足够的水分和养分, 又不会被滑动的石块砸伤。

青藏高原上的人们特别喜欢雪莲, 把它看作战胜困难的象征。雪莲花不怕严寒, 不畏强光, 不嫌贫瘠, 世世代代生活在人迹罕至的雪山上的坚韧品质, 是雪山的骄傲。

不仅如此, 雪莲还是珍奇名贵的中草药, 特别是天山雪莲, 古往今来一直是人们极喜爱的滋补佳品。雪莲整个植株都可入药, 外用内服均可, 具有活血通络、散寒除湿等功效, 可治一切寒症。还能治疗肺寒咳嗽、麻疹不透、外伤出血、强筋舒络、腰膝酸软等病症, 是延年益寿之佳品。

菊花不凋的原因

　　菊花是中国人极喜爱的花卉之一，在我国古代神话传说中，菊花被赋予了吉祥、长寿的含义。中国历代诗人、画家都对菊花情有独钟，给人们留下了许多关于菊花的名篇佳作。

　　如果你仔细观察就会发现，菊花似乎永远不会凋落。它不像古人所说的"花开自有花落时"，菊花是"宁可抱香枝上老，不随黄叶舞秋风"。但是为什么菊花枯萎后，花瓣不会凋落呢？

菊花是多年生菊科草本植物，其实通常我们所看到的菊花并不只是一朵花，而是由许许多多形状和大小各异的花序组成的一个"小花篮"，称为"头状花序"。

花序中心的管状花具备完全的雄雌蕊。菊花花瓣之所以能保留较长时间不飘落，最后仅是萎蔫或呈干枯状态留在枝头，就是由于具有舌状花花瓣，这种花是单性的雌性花，不会受精发育，因而它不会发生细胞分裂而形成离层区，从而使菊花能长时间保持原状。

绿衣红裳

绿衣红裳花瓣的最前端为黄绿色，中间为白色，尾端为红色，这三种花色堪称菊花中最为经典的组合，故名"绿衣红裳"。绿衣红裳为中型花，花朵的直径为13~15厘米。

绿衣红裳花瓣上有深浅不一的条沟，花瓣的前端稍尖，属平瓣芍药型。瓣面的红色呈晕染色状，根部的红色较深，向梢部过渡逐渐变淡。花瓣的前端边缘呈白色玉边状，背尖为黄绿色。外围花瓣多数呈钩曲状，叶不大，长形，边缘有尖圆形的锯齿。花朵盛开时多数不露花心。

慈禧的"菊癖"

史料记载，慈禧太后对菊花十分喜爱，甚至到了视菊如命的地步，当时人们皆称她有"菊癖"。她能够在菊花尚是小苗的时候就能识别出花形、花色。绿菊是她尤其喜欢的一个菊种。1894年，慈禧为准备六十诞辰在万寿寺拜佛祈祷时，见紫竹院南岸岗阜景色荒秃，便下令依山势栽植各色秋菊，由于旧时将菊花称为九华，后来这座山便改称"九华山"。

生命力顽强的蔓草

要说生命力最为顽强的草，非蔓草莫属了。蔓草是一种十分奇异的植物，即使用上千度的高温加以灼烧，它也能"面不改色"。

1966年，在古巴的甘得纳山地区，这里种植了许多杉木，由看守森林的罗斯负责管理这些树木，罗斯看着这些茁壮成长的树木，心里十分自豪。

让罗斯倍感意外的是，没过多久，林中的杉树开始接连枯萎，病情呈扩大趋势，怎么也查不出原因。罗斯马上请来森林学家坎豪斯教授对这些杉树生病的原因进行研究。

罗斯带领坎豪斯教授来到枯死的杉木旁，对杉树进行了仔细的现场勘查，结果并没有发现这些杉木有受害虫侵害或人为破坏的痕迹。

坎豪斯教授只好采下杉木和一些土壤的标本，将其带回实验室进行研究。经研究之后，他发现这些杉木是在短时间内缺乏水分干枯而死的。但是奇怪的是，甘得纳林区还算是比较湿润的，植物应该不至于在短时间内就枯死啊？带着这个疑问，教授决定再去林中调查一番。

　　再次返回杉木林中，坎豪斯教授这才发现林中又有相当一部分树木枯死了，在对所有枯死的树木进行仔细地观察之后，教授发现这些枯死的树干上都缠满了一种长着三角形叶片的蔓草，这些蔓草的叶片表面光滑、油亮。

　　教授觉得不可思议，难道是这些蔓草致使杉树枯死的？为了查明究竟，他将蔓草摘下来同其他标本一起放入袋子里带回实验室。经过实验，教授发现这种蔓草非常耐热，甚至可以经受上千度的高温却依然完好无损，十分奇特。而且蔓草本身似乎能释放出很高的温度，如果把水滴在蔓草上，水分在极短的时间内便会蒸发掉。

　　杉木枯死的原因终于找到了，但是却并不能改变杉木林灭绝的命运。因为这种蔓草的生命力十分顽强，不论是使用拔除还是放火烧等各种方法均不能将其彻底根除。最后只好眼睁睁地看着整片杉木林毁于蔓草之手，变成一片枯林。

植物的名称
从何而来

　　名字伴随人的一生，既要有一定的含义，又要悦耳动听，这是我们现代人取名字的一般标准。植物的名称千奇百怪，也有各种不同的内涵，其名称来源十分广泛，主要有以下几个方面。

根据植物的生活环境和习性而命名。木耳多长在树根旁、木头上，并且由于木耳的形状与人的耳朵相似，所以得名木耳，十分形象。水仙多生长于低洼潮湿处，不可缺水，故而得名。还有向日葵，因其花向着太阳生长，故得此名。

根据植物生长的季节和规律而命名。如腊梅在腊月开花，因而得名。还有冬虫夏草，古籍上这样解释其名："冬在土中，身活如老蚕，有毛能动。至夏则毛出土上，连身俱化为草，因此其名为冬虫夏草。"

根据谐音命名。如菊花的"菊"是由"鞠"字演化过来的。"鞠"，有无穷无尽的意思。农历九月，所有的花都凋谢了，只有菊花还在开放，故名菊花。

根据植物的原产地命名。如巴豆，因其形如菽豆，且产于巴蜀地区，故得此名。还有胡萝卜，元代时从胡地传来，气味跟萝卜很相似，故得此名。

根据植物的性味命名。如郁李，由于它的花和果实都有馥郁的香味，并且形状酷似李子，所以定名为郁李。五味子，皮肉甘酸，核中辛苦，都有咸味，五味俱全，故名五味子。夜来香由于在夜晚开花并且散发出浓郁的香气，故而得名。

根据植物的形态特征命名。如猪笼草，它瓶装的外形就像南方运猪用的笼子，故而得名。还有一种茎上有刺如悬钩一样的植物，得名悬钩子。

根据植物的用途命名。如伸筋草，由于其有舒筋活络的功效，故得此名。

还有根据人名命名的。如何首乌，传说有一个姓何的人，他遵照秘方长期吃一种植物的块根，竟活到了130岁，而且还是满头乌发，后来人们就将这种植物命名为"何首乌"。

植物"出汗"之谜

夏天酷热难耐的时候，人的身上会出汗，那是因为人体在进行正常的新陈代谢。但是如果说植物也会出汗，是不是很神奇呢？很多植物也会在夏天"出汗"。夏天的清晨，如果到野外去走走，就会发现水稻、黄瓜等很多植物叶子的尖端或边缘，会有一滴滴的水珠掉下来，好像植物在"出汗"一样。可能很多人会说，这是露水吧！

露水是怎样形成的呢？空气中的水蒸气遇冷凝结在悬浮的固体颗粒上，随着凝结水分的增加，固体颗粒被小水珠包围，降落到花草上面，从而形成晶莹的露珠。仔细观察就会发现，这些植物叶子尖端冒出来的亮晶晶的水珠掉落下来后，叶尖又会慢慢冒出小水珠，渐渐变大，最后掉落下来。如此反复，一滴一滴地接连不断，显然这并不是露水，因为露水应该布满叶面，而不是从叶尖冒出来。这些水滴是从植物

体内流出来的"汗水"。

植物在夏天怎么也会"出汗"呢? 原来, 在植物叶片的尖端或边缘有一种叫作"水孔"的小孔, 和植物体内运输水分和无机盐的导管相通, 植物体内的水分可以不断地通过导管从水孔排出体外。当外界温度高、气候比较干燥时, 从水孔排出的水就会很快蒸发散失掉, 因此我们看不到叶尖上有冒水珠的现象; 如果外界温度很高、湿度又大时, 就会抑制水分从气孔蒸发出去, 这时, 水分只好从水孔中流出来, 于是便出现了植物的"出汗"现象。在植物生理学上, 这种"出汗"现象叫作"吐水现象"。稻、麦、玉米等禾谷类植物中经常会发生这种现象。

吐水不仅能将植物体内多余的水分排出体外, 有利于保持其体内水分的供求平衡, 对植物的生长十分有利, 并且吐水也是植物在夜间取得营养的重要途径。

小知识

在热带森林中, 有一种雨蕉树被当地居民叫作"哭泣树", 因为它在吐水时滴滴答答的声音像是在哭泣。雨蕉树不但会"哭泣", 还能预报天气。在温度高、湿度大、水蒸气接近饱和及无风的情况下, 雨蕉体内的水分就会从水孔像"出汗"一样地冒出来, 一滴滴从叶片上掉落下来。此时, 当地人就会说: "天要下雨了!" 为了能及早地知道天气情况, 当地人都喜欢在自家门前种一棵雨蕉。

植物的防卫术

在受到侵害时，很多动物都会拿出自己的防御武器，那么，植物在受到侵害时也会奋起自卫吗？目前，植物学家都在设法对此给出令人满意的答案。

1970年，美国阿拉斯加州的原始森林中野兔横行，它们疯狂地啃食嫩芽、破坏树根，植物的生存受到严重威胁。为了围捕这些野兔，人们绞尽脑汁，但收效甚微。就在此时，出现了一个奇怪的现象，野兔们集体闹起肚子，死的死，逃的逃，几个月后森林中再也见不到它们的踪影。经研究后才发现，原来兔子啃过的植物重新长出的芽、叶中产生了大量叫"萜烯"的化学物质，野兔就是因为吃了含有这种物质的草叶，才遭此厄运。

在很多地方我们都能看到枸橘，它浑身上下长满了粗刺，如果不小心被它刺到，肯定会皮破血流。因此，很多动物都不敢碰它，它可以悠然自得地生活。

在我国的华北、华东、华中、华南和西南山区一带，生长着一种树干、枝条甚至连叶柄上都长满大大小小棘刺的树木，它有"鹊不踏"的诨名，因为鸟兽完全不敢靠近它。

在公园里，我们经常可以看到一种常绿小乔木，它的绰号叫"鸟不宿"。原来它的叶子生得十分奇特，革质化，呈长椭圆状的四方形，每片叶子上有三四个硬刺齿，戳一下就会很痛。因此，它结的鲜红或黄色果实，鸟儿们只能远远地流流口水，却不敢问津。

在非洲有一种马尔台尼亚草，它的果实人称"恶魔角"，能将鹿杀死。这种果实的形状很可怕，长满刺状物，两端像山羊角一样尖锐。果实成熟后落在草中，当鹿来吃草时，果实就会插入鹿的鼻孔，使鹿疼痛难忍，严重时还会导致鹿发狂而死。

还有一种能杀死狮子的植物，这种植物的果实上长有许多长3~4厘米、坚硬得像铁锚一样的刺。当狮子捕食时被它刺痛，就会恼火地张开血盆大口来咬它，这种果实上的"铁锚"就会钩住了狮子的上下颚和舌头，威风凛凛的狮子这时什么东西也不能吃了，只能活活地饿死。

仙人掌生长在干旱的沙漠中，为了适应恶劣的环境，它们的身体里贮存了很多水分，外面长了许多硬刺。正是由于这些硬刺的保护，动物们才不敢碰它们，仙人掌也才能在恶劣的沙漠环境中生存下来。否则沙漠里的动物为了解渴，会毫无顾忌地将其吃掉。

田野里的庄稼也和仙人掌一样。在稻谷成熟的时候，为了防止麻雀、甲虫的啄食，它们的芒刺会变得更加坚硬、锋利，使麻雀、甲虫即使闻到稻香也不敢轻易碰它们，对其望而生畏。植物身上长的刺，是植物为了适应环境而逐渐形成的一种原始的防御武器，这种刺就好像是古代军队里战士使用的刀剑。

还有一种蝎子草，它们的武器更加先进。蝎子草是荨麻科植物，生长在比较潮湿和阴凉的地方。蝎子草浑身也长满了一种非常特殊的刺，这种刺是空心的，里面有一种毒液，人或动物一旦碰上这种刺，刺就会把毒液注入人或动物的皮肤里，然后自动断裂。毒液会引起皮肤发炎、瘙痒。这样，野生动物就再也不敢侵犯它们了。

植物世界中最厉害的防御武器是植物体内的有毒物质。龙舌兰属植物含有一种类固醇，动物吃了以后会导致红细胞破裂从而死于非命。夹竹桃含有一种肌肉松弛剂，毒性也非常大，别说昆虫和鸟，即使人畜吃了也性命难保。巴豆全身都有毒，特别是种子含有的巴豆素，其毒性更大，人吃了以后会引起呕吐、腹泻，甚至休克等症状。

英国植物学家厄金·豪克伊亚经研究发现，白桦树和枫树在遭到害虫侵害后，在几个小时或几天内就能生成酚类、树脂等杀虫物质，进行自我保护。

植物不但能进行自我防卫，还会通风报信。植物学家通过实验发现，柳树在毛虫食用其叶子时不仅会进行自我防卫，还能给3米以外的柳树传递讯息，使同伴也产生防御能力。

植物没有神经、意识，那它们是如何感受到害虫侵袭从而实时调整、合成对害虫有威胁的化学物质的？它们又是如何发出和接收入侵"警报"的？这些至今还是难解之谜。

特殊的"证人"

在人们的印象中，植物只能供人观赏和满足人们各种各样的需求。但近年来，植物学家们通过现代科技研究发现植物也有血型、自卫能力等，由此植物产生了一个新的功能：作证。他们发现一个十分奇特的现象：每当有凶杀案件发生在植物附近，植物就会产生一种反应，记录下凶杀的全部过程，成为一个不为人们所注意的现场"目击者"。这是美国纽约一位精通植物"语言"的植物学家柏克斯德博士多年研究的结果。

为了得出更加科学的结论，柏克斯德博士曾利用仙人掌进行过多次试验。他组织了几个人在一盆仙人掌前进行搏斗，结果接在仙人掌上的电流将仙人掌在整个搏斗过程中的反应给记录了下来，转化成电波曲线图，柏克斯德博士通过对电波曲线的分析，就可以了解整个打斗的过程。

在开花季节，植物花朵会释放出大量花粉，花粉外壳由孢粉素构成，花粉粒的外壁十分坚固，不仅能抗酸、抗碱，还能耐高温、高压，抵抗微生物的分解，并且能在自然界长期保存。成熟后，这些花粉借助于风的吹送，或借助于昆虫的携带而四处飘零，如果有人在此时进行犯罪活动，会在不知不觉中将花粉黏附在自己的身体或衣服上。对这些花粉进行鉴定，结果会显示出其活动的空间地域，为缩小和圈定侦查范围提供了依据。

在侦破移尸灭迹的犯罪案件中，第一现场非常重要。在维也纳曾经发生过这样一个案件：一个人在沿多瑙河旅行时失踪了，当地警方用尽了各种方法都没有找到尸体。只是抓捕到

了一名嫌疑犯，但此人无论如何都不承认自己与此事有关。警方无法从他口中得到任何线索，此时恰逢花朵开放、花粉成熟四处传播的季节，有人想到会不会在这上面留下线索。于是请来了当地著名的花粉研究专家，他通过对嫌疑犯鞋上的泥土进行分析，发现了一种产于维也纳南部的松树花粉。最终，警方通过这个线索，击溃了他的心理防线，迫使他供出了尸体藏于多瑙河附近一片荒僻的沼泽地区。

长翅膀的植物

　　一般来说，植物是靠种子繁衍后代的。如果注意观察，你就会发现有些植物在很多地方都有分布，甚至在全国各地均可觅其芳踪。为什么同一种植物的后代能如此繁荣昌盛，遍布各个地域呢？

　　原来，许多植物的果实也长有翅膀，这些翅膀或翅膜有的是针芒，有的是羽毛或绒毛。这些飞行装备可以将植物的果实、种子随风运送到很远的地方，使植物在任何地方都可以安家落户。如榆树和枫杨树一般是在初夏开花、秋天结实。枫树、杨树的果实上一左一右长着两只"翅膀"，只要一刮风，它们就可以像小鸟一样飞上天空。由于这些种子一般都较轻，所以飞起来相当轻松。

　　这些种子有的能飞到很远的地方。科学家经过专门的观察、研究发现，有很多果实或种子上都长有翅膀，种子重量越轻就能飞得越远。桦树的翅果能飞到1千米以外的地方，而云杉的种子由于其长着酷似帆船的翅膀，能飘到10千米以外。这些果实或种子翅膀的形态各异，如白蜡树和樗树的种子好似长翼的歼击机一样，翅状突起；百合和郁金香的种子由于其本身呈薄片状，在风里能像滑翔机一样滑翔；蒲公英的种子则像一顶降落伞，风把它头上的一圈冠毛托得高高的，瘦果垂在下面；而生长在草原上的一种植物跟蒲公英类似，果实上长着羽毛，能被风吹到很远的地方，风一停，就像降落伞一样竖直落地。有些种子的分量甚至轻到根本就感觉不出来，如每粒只有十万分之三克的梅花草种子；每粒只有五十万分之一克的天鹅绒种子，微风一吹，它们就能飞到很远很远的地方。

　　"物竞天择，适者生存"，达尔文的进化论观点在这些植物的身上也体现得淋漓尽致。许多植物为了繁衍后代，生生不息，经过长期的自然选择，果实或种子都长有翅膀，成为名副其实的"飞将军"，从而获得了更多的生存机会。

植物的"眼睛"

眼睛是心灵的窗户，正是因为有了眼睛，我们才能看到这个丰富多彩的世界。人类和动物都有眼睛，如果说植物也有眼睛，似乎很难让人相信，但越来越多的事实证明，植物也有眼睛，并能看见东西。

如果大家细心观察就不难发现：藤本植物的卷须总是朝离自己最近的支撑物伸展，一旦接触到支撑物，它们就会紧紧地缠住不放，如果这个支撑物被移走了，它们就会改变方向，寻找另一个离自己最近的支撑物。试想，如果植物没有眼睛，怎么会主动朝离它们最近的支撑物伸展呢？而且又怎么会知道这个支撑物被移走，从而主动改变前进方向呢？是不是它们的身体里也藏着一双眼睛？

最近，科学家通过对植物叶子的研究证实，植物确实有自己独特的"眼睛"。他们发现，在植物叶子内有一个与视网膜相类似的物质——感光器，事实上，这就是植物的"眼睛"。它能吸收阳光中决定叶子移动方向的蓝色光线，植物会随着这种蓝色光线的转移而改变自己前进的方向。因此，植物的"眼睛"不是看向大地，而是总望着太阳。

不久前，科学家对阿拉伯芥进行反复研究后发现，这种植物有三种感光器：光敏素、向光素和隐花色素。通过光敏素，植物能感觉到邻近植物的存在及其颜色；向光素能控制植物对蓝光的反应，以此来控制叶子表面微小气孔的开合；隐花色素则有调节控制茎的生长、开花、结实的重要作用。绝大多数植物都有这三种感光器，说明植物不但有眼，而且有三只"眼睛"，用来观看多彩的世界，以促进自己更好地生长。

植物通过"眼睛"来调整茎叶的生长方向，这种与动物生存类似的本领，实在令人惊叹不已。

植物指示矿藏之谜

1934年，捷克斯洛伐克的两位科学家在研究一种种植玉米的化学成分时发现，玉米被烧成灰后，每吨灰中居然含有10克黄金，根据这个发现，他们推测这片玉米地很可能埋藏有黄金。后来，他们果然在那里找到了金矿。

在一般人看来，植物和矿藏是没有什么联系的，但细心的科学家们发现，植物和矿藏之间确实存在着一种特殊的联系，并且不同的植物能指示不同的矿藏。例如，寸草不生的地方可能有硼矿；出现蔚蓝色野玫瑰花瓣的地方很可能有铜矿；忍冬藤生长的地方可能有银矿；三色堇生长的地方可能有锌矿；紫云英生长的地方可能有硒矿；七瓣莲生长的地方可能有锡矿；针茅生长的地方可能有镍矿；灰毛紫德槐生长的地方可能有铅矿；喇叭花生长的地方可能有铀矿等等。

目前，世界上已报道的指示植物约有70余种，其中1/3以上属豆科、石竹科和唇形科，这些指示植物都是草本植物。如今，这些植物都成为了找矿的重要标志。

为什么这些植物能够指示矿藏呢？原因很简单，植物扎根于土壤，通过根部吸收土壤中的养分，其中包括土壤中的微量元素。如海带，长期吸收海水中的成分，因此富集了大量海水中的碘。另外，植物对矿物质特别敏感，如海州香薷类铜草花在土壤含铜量过高时，就会生长得十分茂盛；而有的植物"吃"了自己喜欢的矿物，就会表现出奇形怪状，如蒿子在一般土壤中长得比较高大，但如果"吃"了土壤中的硼，就会变成矮老头。这是由于植物根部细胞在吸收水分时，也吸收溶解在水中的金属离子，从而富集到体内，结果使自己发生了奇特的变化。这样，人们就可以根据这些变化来判断矿藏的位置。

植物不但能指示矿藏，还能帮助人们"开采"矿藏。在北美洲，有个山谷的地层和土壤中含有大量的硒，人和动物如果大量摄入这种硒元素，就会中毒甚至死亡，因此这个地方得名"有去无回"。为了开采这些硒矿，人们在"有去无回"山谷里种植了大量紫云英，紫云英在这样的环境里生长得很快，一年可以收割好几次。

植物在春季生长的原因

每当寒冷的冬天过去，春回大地时，地球上的植物就开始复苏，呈现出一片生机勃勃的景象，这已成为司空见惯的自然现象，但是，植物为什么会选择在春季生长呢？看似简单的问题，到现在，就连专门从事植物生理学研究的科学家都没有找到确切的答案。

气温对植物的生长起着重要作用。一般情况下，人们会认为植物之所以在春天生长，是由外界环境决定的。每当气候变冷，植物就进入了休眠阶段；春季回暖之后它们就自然而然地开始新的生长。20世纪70年代，美国植物学家利奥波德和澳大利亚植物生理学家克里德曼经过多年的研究指出，长日照和低温是导致植物在春天生长的关键因素。在秋末，温带多年生植物由于日照时间缩短，体内就产生了高浓度的脱落酸，它能抑制脱氧核糖核酸合成核糖核酸，从而形成休眠芽。春天来临，日照时间增加，休眠芽中的叶原基受到刺激，使植物体内的脱落酸水平下降，赤霉素含量增加，一些能够打破休眠以及萌芽所必需的酶开始合成，抑制合成核糖核酸的作用也逐渐消除，从而促进了蛋白质的合成。另外，春季的低温作用会使植物的休眠芽或种子细胞原生质的水合度增大，使其胶体状态发生改变，水解酶和氧化还原酶进入活动状态，促使有机物的转化和呼吸作用增强，当环境的温度、水分、光照都达到植物生长的条件，植物就开始萌发。而植物打破休眠所需的日照和温度等条件与春季的自然条件一致，这可能是植物在进化过程中，对季节变化形成的一种主动适应。

目前，这是大多数植物学家们都赞同的观点，但随着现代植物生理学研究的不断深入，科学家们发现，温度并不是导致植物在春天生长的唯一因素。他们认为，植物本身的遗传特性也许是更为主要的因素。进入80年代后，英国谢菲尔德大学的格兰姆和莫法斯两位博士，通过对植物细胞遗传物质的研究发现，各种植物的细胞遗传物质都有着巨大的差异，而这些差异往往又与它们生长的季节有关。为此，他们对162种植物细胞中的脱氧核糖核酸的数量进行了仔细测量，并与这些植物的生长时间做了对照，结果发现，春季发芽越早的植物，含有遗传物质的种类也越多。也就是说，DNA含量越大，植物发芽越早，反之越晚。

以上两种是关于植物为何在春季生长较有代表性的观点，至于哪一种更为准确，还有待科学家们进一步探索。

植物的免疫功能

　　不只人类和动物，植物大多也具有免疫功能。植物在与病菌的长期斗争中，形成了一套对付病菌的免疫功能，这种天然的免疫功能使它们能有效地抵抗真菌、细菌和病毒引起的病害。这就是为什么植物在受到病菌的侵染后并未灭绝的原因。

　　人可以通过接种牛痘获得后天的免疫力，那么，植物是不是也可以像人一样通过打预防针，从而获得后天的免疫力呢？通过植物学家的努力，这个设想得以实现。科学家们对此进行了长期的实验，终于获得成功，他们用各种诱导因子给幼小植物接种，使植物获得整体免疫，以抵抗各种病害的发生。

　　德国人为使植株获得免疫功能，曾用灰葡萄孢浇灌菜豆的根。美国人用瓜类刺盘孢和烟草坏死病毒诱导黄瓜免疫，结果使黄瓜对黑茎病、茎腐病、黄瓜花叶病和角斑病等10多种病害产生了抗性。单一诱导可使植株得到4~6周的免疫，若再次强化诱导，免疫效应一直可延续到开花至果期。目前，人们使用免疫诱导已经在很多作物中都获得成功，如烟草、黄瓜、西瓜、甜瓜、菜豆、马铃薯、小麦、苹果等。

　　为什么植物得到免疫后会减少病害的损伤面积呢？经过研究人们发现，通过免疫，植株的木质化作用增强了，细胞壁的机械抗性加强，使植株形成了一种结构屏障，病原菌的穿入能力明显降低。此外，产生的酚木质素有剧毒，这种游离基的毒性又使植株形成了化学屏障，因此抑制了真菌的发育和细菌、病毒的侵入和增殖。

　　人们还发现，这些免疫植株中的植物抗毒素含量比一般植株明显提高，而且多在病原菌侵染部位，植物抗毒素可以直接抑制病菌生长。研究证实，到目前为止，至少有17个科的植物中积累有植物抗毒素，而且同一科的植物所具有的植物抗毒素有明显的相似性。

　　现在，人们普遍认为，免疫植株中木质化程度的加强和植物抗毒素的合成都与免疫植物体内一种次生代谢—苯丙烷类代谢的加强有关，二者可能是这种代谢的最终产物。

　　但是，目前植物免疫大多还只停留在实验室阶段，极少投入田间应用。它的稳定性和遗传性还有待进一步研究，植物免疫不污染环境的优点，使科学家们在继续努力着，以早日揭开这些未解之谜。

植物种子的寿命

植物种子的寿命因植物种类的不同而不同。要说地球上最长寿的植物，可能非狗尾草莫属了。它是恐龙的"邻居"，最早出现于地球的白垩纪时代，至今还在大自然中茂盛地生长着。那些古代的狗尾草种子还能发芽、开花并且结籽，相当令人惊奇。

1951年，科学家在辽宁省普兰店泡子屯村的泥炭里发现了一种古莲子，并推断这些莲子至少已沉睡830～1 250年。1953年北京植物园栽种了这种古莲子，1955年夏天竟然开出了粉红色的荷花。

有些植物种子的寿命却又十分短暂。这些短命的植物种子大多数分布在热带和亚热带地区，如可可种子，只在脱离母体35个小时内有发芽能力；而甘蔗、金鸡纳树和一些野生谷物的种子，最多也只能活上几天或几个星期。一些温带植物如橡树、胡桃、栗子、白杨等的种子寿命也非常短暂。

为什么有的植物种子寿命只有几个星期，有的却长达几十年甚至更长呢？科学家们在很早以前就对这个问题产生了兴趣，但面对这个复杂的问题，学者们至今还没有取得一致的意见。

研究人员发现，植物种子的萌发既有内因又有外因，首先它自身必须是完整的活的胚胎，其次还必须要有水分、空气和适宜的温度等外界条件。只有满足了这两个条件，种子才能萌芽。如古莲子外面有坚硬的外壳且深埋于较为干燥的泥炭层中，缺少种子萌发所必要的外界条件如水分、空气等，所以它们能存活上千年。而有些植物的种子虽然符合以上条件，却仍不能立即萌芽，而必须经过一段时间才能萌芽。这是为什么呢？原来，有些植物的种子存在一种休眠现象，这种休眠现象是植物经过长期演化而形成的一种对外界自然环境包括季节性变化适应的结果。例如，温带植物的种子一般在秋天成熟，如果落在地上很快就萌发的话，则很有可能在即将到来的寒冬里被冻死，但如果种子通过适当的休眠则可避免上述情况的发生。这就是为什么很多植物种子经过很长时间而仍能生根发芽的原因。

对于那些短命的植物种子，科学家们也有着不同的意见。有些科学家认为，脱水干燥是植物种子容易死亡的一个重要原因。经过实验，某些柳树种子如果暴露在空气中，只需一个星期就会完全失去生命力。但放在相对湿度只有13%的冰箱里，它们至少能活360年。也有学者认为，热带地区或亚热带地区的植物种子由于气候的原因，新陈代谢旺盛，种子营养消耗过快，也是其寿命较短的原因之一。

植物种子在离开母体以后，就具有了独立生存的能力。种子寿命的长短，除了与这种植物的遗传特性有关，还与种子本身的结构和贮存的条件有着密切的关系。甚至还有科学家认为，由于新陈代谢的关系，脂肪在转化过程中可能产生一种能将种子的胚杀死的有毒物质，而使种子变质。正是因为这个原因，那些久放的花生、核桃，都会有一股霉味。

近年来，越来越多的科学家认为，种子胚部细胞核的生理机能逐渐衰退也是造成种子寿命变短的重要因素，但尚不清楚具体原因。目前，植物学家们正在想方设法延长种子的寿命以便更好地为农业生产服务，相信随着生物科学的不断进步，种子寿命的秘密一定会被揭开。

植物的变性现象

人类和动物都有性别之分，但这个特点在植物身上却不十分明显。绝大部分植物都是雌雄一体的，即在同一植株上，既有雄性器官，又有雌性器官。如显花植物的繁殖器官就是它的雄蕊和雌蕊。根据花蕊的着生部位可将显花植物分为三大类：一是雌雄同花，如小麦、水稻、油菜等；二是雌雄同株异花，如玉米、黄瓜等；三是雌雄异株，如银杏、杨柳、开心果树等。

经过观察和研究，植物学家发现了一种典型的变性植物——印度天南星。这种植物多分布于温带、亚热带地区，是一种喜湿的多年生草本植物，常见于潮湿的树阴下或小溪旁。它不但会变性，甚至一生还能变好几次。天南星的雄株在变为雌株之前，体型高大健壮，营养物质丰富，但在转变为雌株之后体型就变得很小。印度天南星的变性同其植株体型的大小密切相关，高度在100~700毫米间的植株，都可以发生变性；雄株变为雌株的最佳高度是380毫米。一般超过398毫米这个高度的植株，多为雄株，低于398毫米高度的植株，多为雌株。天南星为什么会存在这种奇特的变性现象呢？

美国一些植物学家经研究后发现，这是因为天南星生存的需要。在其小的时候是没有花的，呈中性。开花结果时，雌性植物因为要繁殖后代，所以需要的营养要比雄性植物多，只有转变为高大的雄株植物。而在经过一年的养精蓄锐之后，恢复了元气，便又转变为雌性，以开花结果。印度天南星就是依靠这种变性的方法，增加传宗接代的生存机会，繁衍不息。

美国波士顿大学的两位植物学家发现了一种生长于北美洲最普通的树木——枫树，也存在异乎寻常的变异现象。根据常识，红枫树有时呈雌性，有时呈雄性，有时雌雄同株。这两位学者花了七年时间考察了麻省的79棵红枫树，并记录了每年每棵树的性别与开花的数量。考察结果表明，大多数红枫树的性别一直为雄性，但有四棵雄性红枫树会开出一些雌性的花，还有六棵雌性红枫树会开出少量雄性的花。甚至还有两棵红枫树雌雄难辨，因

小知识

银杏树是植物中性别较为分明的一种。雌树开的雌花里面长着雌蕊；雄树开的雄花里面长着雄蕊，并且只有雌树才能结果。如果是一棵银杏树则不能传粉，当然也就无法结出果实和种子。

为它们每年在雌性与雄性之间发生戏剧性的转变。红枫树性变的机制与天南星不一样，其雌雄同株的个体并不是很大，一般情况下反而小于其他植物。那植物的这种性转变意味着什么呢？目前，科学家们还在进行进一步探索。

植物"流血"之谜

　　如果人类和动物在不小心受伤时会有鲜红的血液从身体流出。那么，植物受伤时也会"流血"吗? 植物的血液是什么颜色呢? 目前，在世界上的很多地方，都发现了受伤后会"流血"的植物。

　　在我国南方山林的灌木丛中，生长着一种常绿的藤状植物——鸡血藤。当人用刀子把藤条割断时，就会惊奇地发现，这种植物流出的汁液先是红棕色，然后慢慢变成鲜红色，跟鸡血一样，所以人们给它取名为"鸡血藤"。经过植物学家分析，发现这种"血液"可供药用，有散气、祛病、活血等功效。它的茎皮纤维还可制成人造棉、纸、绳索等，茎叶还可做灭虫的农药。

　　在美丽的南也门索科特拉岛的山区里，生长着一种叫"龙血树"的植物，它能分泌出一种像血一样的红色树脂，这种树脂被广泛地用于医学和美容。

　　在英国威尔士的一座公元6世纪建成的古建筑的前院，生长着一株高7米多、有700多年历史的杉树。这棵杉树有一种十分奇怪的现象，它有一条2米多长的天然裂缝，从这条裂缝里长年累月地流出一种像血一样的液体。这种奇异的现象，每年都吸引了大量来自世界各地的游客，也引起了科学家们的注意。为了弄清楚这棵树为什么会"流血"，美国华盛顿国家植物园的高级研究员特利教授对它进行了深入的研究，但最终也没找到原因。

　　这些会"流血"的植物，流出来的血液是真的"血液"吗? 跟我们人类和动物的血液有何区别? 这些都有待于进一步研究。

奇特的植物血型

人类和动物的血液都有不同的类型，叫血型。但是，你知道植物也有血型吗？这个特点是国外研究人员在侦破一宗谋杀案的过程中意外发现的。

1983年，一名日本妇女夜间突然在卧室死去，赶到现场的警察决定化验血迹以确定其是自杀还是他杀。结果显示，死者是O型血，而枕头上的血迹却是AB型。由此看来，这个妇女似乎是他杀。但是，自此以后警方一直没有找到凶手作案的其他证据，更别提抓到凶手了。正在警方一筹莫展之际，有人提出：枕头上的AB型血迹是否同枕芯中的荞麦皮有关系？

法医山本打开枕套，取出里面的荞麦皮进行化验，得出了一个惊人的结论，荞麦皮的"血型"果然是AB型的。这个令人震惊的实验引起了人们的极大兴趣。

为了得到更确切的结论，山本扩大了实验范围，对500多种植物的果实和种子进行了研究，结果除了A型血的植物没有找到，其他各种血型的植物都有。例如，草莓、萝卜、苹果、山茶、南瓜、辛夷、山槭等60种植物的血型是O型；罗汉松、山珊瑚

树等24种植物的血型是B型；李子、香蒲、金银花、单叶枫等是AB型。

植物为什么会有血型之分呢？经研究，山本发现了植物血型的秘密。原来和人类一样，植物也有体液循环，它担负着运输养料、排出废物的任务。液体细胞膜表面也有不同分子结构的型别。当植物的糖链合成达到一定的强度时，它的尖端就会形成血型物质。这种血型物质由于本身黏性大，除了贮藏植物的能量，似乎还担负着保护植物体的任务。

但至今，山本也没有弄清楚植物体内的血型物质是如何形成的。目前，植物血型对植物生理、生殖及遗传方面有何影响，也有待于植物专家们进一步研究探索。

如何检验植物血型

用抗体鉴定人体内是否存在有某种特殊的糖，是鉴定人体血型的方法。植物

的血型如何鉴定呢？原来，科学家利用从人体或动物的血液分离出来的抗体，使植物体内汁液与这些抗体相融合，并观察汁液的反应情况，由此便可得知植物的血液类型。

多种多样的动物血型

医学上将人类的血型分为A型、B型、O型、AB型等四种，但是动物的血型可就复杂多了。不同的动物，血型也各有不同。例如，狗有5种血型，猫有6种血型，羊有9种血型，马的血型为9~10种，猪的血型有15种，牛的血型多达40种以上。

会自我调节体温的植物

任何物体都是有温度的，植物当然也一样，不过植物没有固定的体温，它们是随着外界温度的变化而变化的，能进行恰当的自我调节，这就是为什么在严寒时期植物并没有随气温的下降而冻死；夏天高温时期也没有因天气炎热而成了"柴火"。

为什么植物的体温会存在这种变化呢？原来，植物体温的变化同外界的条件息息相关。植物的生长离不开阳光、空气、土壤等养分。白天，植物主要靠蒸腾作用来调节叶温。叶温降低时，则表明蒸腾作用强，土壤里含水量充足；叶温升高时，则表明蒸腾作用减弱，土壤里含水量不足。因此，在农业生产中，人们可以根据植物叶温的变化来判断农作物是否缺水。

令人惊奇的是，树木生病居然也会和人一样发烧。只是人生病时一般在夜间发烧最为厉害，清晨退烧容易，而树木生病一般在早上发烧严重。树木生病后为什么也会发烧呢？原来，树木生病后，由于蒸腾作用减弱，树根吸收水分的能力就会下降，整个树木摄入的水分减少，树温就会相应地升高。根据这个现象，人们就可以根据树木的温度来判断哪片森林有病，从而及时采取有效的治疗措施。

有感情的植物

　　人们向来都认为植物没有感情、不会思考，然而近几十年来，许多科学家却用实验证明植物可能也有丰富的感情。近年来，不少科学家正在对此进行探索。

　　1966年，美国中央情报局专家巴克斯特在无意中开创了研究植物感情的先河。一天，巴克斯特在给自家庭院的花草浇水时，脑子里突然冒出了一个古怪的念头，他把测谎仪的电极绑到一株天南星的叶片上，然后给它浇水，结果他惊奇地发现，测谎仪上的图形随着植物根部水位的上升而出现曲线变化。这种图形与人在激动时测到的曲线图形十分相似。

　　于是他将一部改装的记录测量仪与植物相连，然后想用火去烧叶子，看叶子是否会有反应。当他划燃火柴的一瞬间，仪器上的指针出现了明显的变化。当他手持火柴走近植物时，记录仪的指针开始剧烈摆动，显然植物对此很恐惧。更有趣的是，当巴克斯特多次重复这个动作，却又不再真正烧植物后，植物感觉到这只

是不会付诸实践的威胁，慢慢不再害怕，最后再使用同样的方法便不能使植物感到恐惧了。

为了进一步研究这个问题，巴克斯特又做了另一个有趣的实验。他把几只活海鲜在植物面前丢入沸腾的开水中，并多次实验，发现植物每次都会陷入极度的恐惧中。

巴克斯特的发现在植物学界引起了巨大反响。但是很多人都难以理解这个问题，其中有一个麦克博士也做了很多实验以反驳和批评巴克斯特的这个观点，但他在实验以后却由坚定地反对者变成了绝对的支持者。原来，他在试验中发现，当植物的叶子被撕裂或受伤时，会产生明显的反应。于是麦克大胆地提出，植物不但会思考，也会体察人的各种感情，具有心理活动。

不久前，英国科学家罗德和日本中部电力技术研究所的岩尾宪三，为了能够更彻底地了解植物表达"感情"的奥秘，特意制造出一种奇特的仪器——植物活性翻译机。这种仪器的独到之处在于：只要连接上放大器和合成器，就能够直接听到植物的声音。

研究人员在分析了大量的录音记录后发现，植物的感觉似乎十分丰富，在不同的环境条件下会发出不同的声音。例如，房间中光线的明暗变化也会引起植物声音的变化，当它们在黑暗的环境中突然受到强光的照射，会发出类似惊讶的声音。还有些植物在遇到极端气候条件时，会发出低沉、可怕和混乱的声音，仿佛表明它们正在忍受某种痛苦。有的植物在平时会发出一种类似吹口哨的悲鸣声音，有些却似病人临终前发出的呻吟。还有一些植物在受到温暖的阳光照射或被浇过水以后，声音会变得比较动听。

不过对于这些神奇的现象，到目前为止还没有一个科学的定论。到底植物有没有感情，还存在很大的争议。一些科学家认为，植物是有感情的，植物的感情是以体内的化学反应为基础的，当受到刺激后，体内会产生许多电信号，从而产生相应的化学反应，导致植物对刺激作出应答。但是，也有科学家认为，从植物解剖学的角度来看，植物根本就不存在任何神经组织，因此不会有感情。

现在，植物心理学这一新兴学科，正在被各国科学家所重视，在这崭新的研究领域里，无数奥秘正等待着我们去探索。

植物也有"分身术"

　　在《西游记》中，孙悟空从自己身上拔下一根猴毛，就能变出另外一个自己，十分神奇。当然，神话终归是神话。然而，很多植物也具有这种神奇的"分身术"本领。

　　很多植物都能无性繁殖。方法多种多样，扦插是最主要的一种。"无心插柳柳成荫"说的就是只要将柳树的一条枝丫插到地里，它就会自己生根发芽，长成像母株一样的大树；仙人掌的生命力十分顽强，掰一块下来，插在土里又能成活了；如果将秋海棠的叶子埋在土里，它也会向下长出根须，向上生出新叶来；葱蒜、洋葱的鳞茎和芦荟的根也能生芽，长成新的个体；马铃薯块茎上的每一个芽眼都可以长出新的植物。另外，用曼陀罗的花粉也能培养出一棵幼苗，用玉米、水稻、小麦、大麦和烟草等的一个植物细胞也能培养出一株植物，这些都是没有母亲的植株。

　　科学家揭示了植物细胞的秘密以后，利用这个特性，从植物体上取下根、茎、叶、花的任何一小部分或一粒花粉，放到试管内的无菌培养茎上，进行特殊的培育，结果竟长出了完整的植株。

　　如今，这种方法在生产生活中得到广泛的运用：在工厂里可以快速地繁殖甘蔗幼苗；把人参细胞放在试管中培养，同样可以获得人参的有效成分；还可以利用这种方法在短时间内生产出成千上万株苗木。现在，只要用一个邮包就能将培育一个大森林所需的树苗从一个国家寄到另一个国家了。

有脉搏的植物

最近，一些植物学家在研究树木增长速度时惊奇地发现，活的植物树干竟然有一张一缩的跳动现象，这种跳动现象跟人类脉搏的跳动十分相似，有着明显的规律。植物的"脉搏"究竟是怎么一回事呢？

植物学家通过长期的观察研究发现，原来这只不过是植物的正常生理现象，只是以前一直没有人注意到而已。每逢晴朗的天气，太阳从东方升起时，植物的树干就开始收缩，一直持续到夕阳西下。到了夜间，树干停止收缩，开始膨胀，并且会一直持续到第二天早晨。植物这种日细夜粗的搏动，每天周而复始，并且每一次搏动，膨胀总略大于收缩。于是，树干就这样逐渐长大了。不过，遇到雨天，树干的"脉搏"就几乎完全停止了跳动。降雨期间，树干总是不分昼夜地持续增粗，直到雨过天晴，树干才又重新开始收缩，这算得上是植物"脉搏"的一个奇怪特征。

植物学家是这样解释这种奇特的脉搏现象的：植物的脉搏是由植物体内的水分运动引起，当植物根部吸收的水分与叶面蒸腾的水分一样多时，树干一般不发生粗细变化；如果吸收的水分超过蒸腾所需的水分，树干就会增粗；如果植物根部吸收的水分少于蒸腾所需的水分，树干就会因缺水而收缩。

从另一个角度来解释：植物的气孔在夜晚总是关闭着的，这就使水分蒸腾大为减少，所以树干就要增粗；植物叶片上的大多数气孔在白天都开放着，这样，水分蒸腾就会增加，树干就会收缩。

这个解释看上去十分合情合理，但并不是所有的植物都有典型的"脉搏"现象。为什么有的植物不产生"脉搏"现象呢？是否还有其他的原因在影响植物的"脉搏"？这些令人困惑的问题，还有待进一步研究。

植物也有记忆力

可能很多人都不会相信，其实植物也是有记忆力的。不久前，法国克莱蒙大学的科学家们进行了一个有趣的实验，结果表明，植物不仅有接收信息的能力，还有一定的记忆能力。

科学家们选择了几株刚刚发芽的三叶鬼针草作为实验对象，当三叶鬼针草两片嫩叶的幼苗刚刚破土而出时，他们拿针刺了几下其中的一片幼叶，在几分钟后科学家们撕掉了这片幼叶。然后让幼芽继续生长发育，几天后，当科学家们再次观察它的时候发现，它的发育已经带有明显的不平衡性：它的枝、花、果只在没有受到针刺的一边正常生长、发育，而受过针刺的那一边明显生长缓慢。这说明，从受伤的叶子被摘除后，植物已经记住受过针刺的一边蕴藏着危险。

此后，科学家们又经过多次实验，发现了更多的证据证明植物也是有记忆力的，并且研究出植物的记忆力大概能保持13天的时间。

植物为什么会有记忆力呢？科学家们解释说，植物的记忆力不像人类或动物是靠大脑和中枢神经来实现，而可能是靠离子的渗透补充来实现的。目前，关于植物的记忆力问题，还是一个有待揭开的谜题。

植物也有爱、恨、情、仇

如果你到现在还认为只有人类才有爱、恨、情、仇这样的高级情感，那你就错了。20世纪80年代以来，俄、美、日等国的科学家经过大量研究发现，植物也有爱、恨、情、仇。它们也能忍受饥饿、痛苦，并具有同情心。

苏联莫斯科农科院的专家们做过这样一个实验，他们将感应仪器与植物的根部连接起来，然后往植物根部倒入热水，这时仪器里立即传出植物绝望的呼叫声。这表明植物正在经历极端的痛苦。

植物也有喜好，科学家通过实验发现以下现象：洋葱和胡萝卜发出的气味可以互相给对方驱逐害虫；大豆喜欢与蓖麻相处，因为蓖麻散发的气味使危害大豆的金龟子望而生畏；玉米和豌豆间种，使二者生长得健壮，互相得益；紫罗兰和葡萄间种，结出的葡萄香味会更浓。有趣的是，英国科学家用根、茎、叶都散发特殊化学物质的连线草与萝卜混种，在半个月内萝卜就长得很大。

但是，有些植物间则好像有"血海深仇"。卷心菜和芥菜就是一对仇敌，相处后"两败俱伤"。水仙和铃兰长在一起会"同归于尽"；白花草木樨不能与小麦、玉米、向日葵共同生活；甘蓝和芹菜、黄瓜和番茄、荞麦和玉米、高粱和芝麻等都不能和平相处。

植物还有强烈的同情心。美国某一研究中心曾经用植物做了一个有名的情感实验。在有两株植物的房间走进了六个人，其中一个人掐断了一株植物，然后六个人离开，研究者把测试仪和没有"被害"的植物叶片连接起来。过了一会儿，六个人分别在不同时间进入房间，其他五个没有掐断植物的人进入房间的时候，没有"被害"的植物表现很平静。当掐断植物的"罪犯"进入房间的时候，没有"被害"的植物的"情感曲线"则出现大的波动，就像人们在发怒一样。

研究植物的爱、恨、情、仇等情感有着极其重要的科学意义。首先，这些发现揭示了所有生物之间的亲缘关系。其次，任何生命都有自己的生存权利和情感，告诫人类要尊重所有生命。人类要尽力保护好现有的生态环境，因为如果过分掠夺植物资源，植物最终可能以自己独特的方式来报复人类。

植物辨别"敌友"的方法

　　植物的生长环境中存在大量微生物，这些微生物有的是植物健康成长必不可少的，有利于植物的生长；有的却对植物的生长有害，甚至致命。那么，植物是如何接收有益的微生物，而将有害的微生物拒之门外的呢？它们是如何辨别"敌友"的呢？

　　豆科植物与根瘤菌之间存在一种共生关系，根瘤菌对豆科植物的感染可使豆科植物形成根瘤，从而产生固氮能力。但根瘤菌与豆科植物的关系存在着近乎苛刻的选择性，能感染一种豆科植物并形成根瘤的根瘤菌通常不感染其他的豆科植物，这令人十分困惑。为什么会有这么强的专一性呢？经过研究，人们发现，豆科植物所产生的凝集素是决定其是否与根瘤菌建立共生关系的关键所在，这种凝集素能识别根瘤菌细胞中的糖蛋白，如果豆科植物的识别蛋白能与根瘤菌细胞壁中的糖蛋白结合，则表明这种根瘤菌是"朋友"，可以与之共生，反之则不然。

　　对于植物能排除"异己"、接纳"朋友"这一现象，有人这样认为：植物的辨别能力取决于有没有辨别受体，即植物表面携带着起鉴别作用的分子。如果病菌来袭，植物就能辨别出是"敌人"来犯，会及时调整防御系统，使自己处于"戒备状态"。如果没有这种起鉴别作用的分子，就无法识别病原菌，防御系统也就起不到应有的作用，植物就会被感染患病。还有另外一种观点，病原菌致病或不致病在于病原菌表面糖蛋白分子的糖基部分，不同的糖基具有不同的选择性。但是当病原菌发生突变，体内糖基转移酶的专一性发生变化，产生新的表面多糖时，植物就会因无法识别而被感染。

　　目前，对于植物识别系统的研究还不是很成熟，以上的解释还多处于假说阶段。植物的识别分子到底是什么？它如何辨别敌友？科学家们仍在进行探索。如果能找到植物识别抵御病原菌的机制，就可能减少农药对农作物和大自然的危害，对于人类将具有重大意义。

植物神经系统之谜

20世纪以来，许多科学家围绕植物是否有神经系统这个有趣的问题展开了一场论战。而这场论战的发起者，就是19世纪大名鼎鼎的生物学家达尔文。

达尔文在200多年前提出了震惊世界的进化论观点，这是我们都知道的。其实，他还是一位研究食肉植物的专家。

一天，达尔文在捕蝇草的叶片上发现了几根特殊的"触发毛"，当其中一根或两根被弯曲过来时，叶片就会猛然关闭。于是，他提出了一个大胆的假设：捕蝇草的这种行为，很可能是由某种信号极快地从"触发毛"传到捕蝇草叶内部的运动细胞引发的，它快得简直像动物神经中的电脉冲。在此之后，植物学家对捕蝇草的电特性进行了更加仔细的观察和研究。他们不仅记录到电脉冲，而且还测出一些很不规则的电信号。

不久前，沙特阿拉伯科学家赛尔经过6个月的研究。发现植物有一个"化学神经系统"，当有人想伤害它时，它会及时发现并表现出防御反应。因此，塞尔认为植物和动物一样有着类似的感觉，两者唯一的区别是：动物能表达这种感受，植物的感觉是由化学反应产生的，这种化学反应与人的神经系统极为相似。

但是在科学界中也有不少人对植物有神经系统这个观点持反对意见。他们认为，植物体中的电信号通常每秒只有20毫米，速度实在太慢了，不像高等动物的神经电信号，速度能达到每秒好几千毫米。因此，植物体中的电信号显得不那么重要，也可以说，植物根本就没有任何神经组织。

关于植物到底有没有神经系统的问题，到目前为止，科学界还没有一个统一的认识。

喜欢听音乐的植物

植物也能欣赏音乐吗？是的，并非只有人类才会欣赏音乐，很多植物也会欣赏音乐哦！

印度有一位科学家，他在工作之余，非常喜欢音乐，也拉得一手优美的小提琴。他每天早上都会在自己的院子里拉半个小时的小提琴。后来，他突然发现，他院子里的植物总是比院子外的植物长得茂盛。这是什么原因呢？

他对这些植物进行了仔细的研究和分析后发现，院子外面的植物和里面植物的土壤成分、空气、水分、阳光等条件都是一样的，但是，为什么仅仅是一墙之隔，生长的情况却完全不同呢？他百思不得其解。突然，他想到：难道植物也喜欢听音乐？会不会是每天的音乐声促进了植物的生长？

于是，他决定做一个实验，每天早上仍然拉半个小时的小提琴，然后在显微镜下观察植物叶部的原生质流动情况。结果他发现，原生质在奏乐的时候运动得较快。终于，他明白了自己院子里的植物比院子外的植物长得好的原因，据此，他得出结论：植物也喜欢听音乐。

他的这一发现，引起了很多植物学家的兴趣。他们在进行了更加深入细致的实验研究后发现了一个有趣的现象：并不是任何音乐植物都喜欢，古典音乐是植物的最爱，爵士乐却不太受欢迎。美国科学家史密斯对着大豆播放《蓝色狂想曲》，20天后，每天听音乐的大豆苗比未听音乐的高出1/4。

科学家们由此得出结论，植物喜欢听摇篮曲之类比较柔和、舒缓、没有刺激性的轻音乐，而对于摇滚、重金属之类的刺激性音乐则十分抗拒。轻松的音乐可以让植物感到快乐，从而促进它们茁壮成长。而如果播放的是严重的噪音，则可能使某些植物"精神崩溃"，甚至枯萎死去。看来音乐不仅能陶冶我们人类的情操，也同样可以对植物的生长起到促进作用。

那么，植物欣赏音乐的原理是什么呢？科学家们认为，这也许和有节奏的声音有关。因为一定节奏的声音能促进植物细胞加速新陈代谢和繁殖，从而促进植物生长。

植物的喜、怒、哀、乐

　　其实，不只人类，任何有生命的物体都有感情，都有喜、怒、哀、乐，只是它们都有着自己特殊的表达方式。人或者动物可以用表情、动作来表达自己的感情，那么，植物是如何表达自己感情的呢？解开植物喜、怒、哀、乐的秘密，将能为人类的生产生活带来更多的便利。

　　所有植物都是喜欢颜色的。各种植物不但自身有着各种美丽的外衣，视力也非常好，它们能辨别各种波段的可见光，尽可能地吸收自己喜爱的光线。近年来，农业科学家发现，用红色光照射农作物，可以增加糖的含量；用蓝色光照射植物，则蛋白质的含量增加；紫色光可以促进茄子的生长。所以，根据植物对颜色的喜好和具体的生产需要，农作物种植者可以给植物加盖不同颜色的塑料薄膜。同样，在培育观赏植物的过程中，也可以利用植物喜好颜色的习性。一些生物科学家开始研究植物喜好颜色的习性，并由此形成了一门"光生物学"的科学。

　　植物不但喜欢颜色，而且喜欢声音。植物科学家们做过一个有趣的实验，他们让农作物听音乐，结果像玉米和大豆这些农作物长得很快，并且果实累累。但是像胡萝卜、甘蓝和马铃薯等作物对音乐却十分挑剔，并不是所有音乐都爱听，它们都喜欢音乐家威尔第·瓦格纳的作品，而白菜、豌豆则热衷于莫扎特的音乐。植物有时为了表示对某些事物的不满，还会表现出反抗，而作为表达它们不满情绪的代价就是死亡。像玫瑰这种典雅高贵的植物，在听到自己不喜欢的摇滚乐后就会凋谢，牵牛花则更为"刚烈"，听到摇滚乐四周后就会完全死亡。

　　实验表明，植物也喜欢人的关爱，喜欢人跟它们说话。如果我们像爱抚动物那样爱抚植物，它们就会心情愉悦；但要是突然对它们大声怒斥，它们就会发出受到惊吓的气息。

日本的生物学教授三和广行曾经做过这样一个实验：将电极插入植物的叶片内，并连通到电流表上，用以测量叶片所释放的生物电能，然后再将所测得的电能放大，再用扩大器播放出来，就听到了植物发出的声音。如果将植物的枝叶折断，或者让昆虫咬它们的叶子，植物同样会因为"疼痛"而"哭泣"。

西红柿在生长期如果缺水，便会发出类似人类的"呼喊"声，若"呼喊"后仍得不到水"喝"，"呼喊"声就会变成"呜咽"声。这种声音是那些从根部向叶子传导水分的导管在萎缩时发出的。当它们缺水时，导管内的压力就会明显上升，当压力上升到相当于轮胎碾压的25倍时，最终就会造成这些导管破裂而发出"哭泣"声。

美国纽约一位精通"植物语言"的专家柏克斯德博士在认真研究过植物感知感觉的内容和规律后，能用微电波把植物的感觉记录下来。博士对这种电波记录进行了反复的实验。科学家们预言：用不了多久，植物还可能充当一些凶杀案件的"目击者"，将为人类侦破案件提供很大帮助。

植物的"保护伞"

一些生长在高山上的植物，在它们每年的生长期中，既需要温暖的阳光，又要避免被过强的太阳辐射灼伤身体。那么，它们是如何解决这个矛盾的问题的呢？原来，植物在生长过程中为了适应恶劣的环境，演化出了不少绝招来应对。其中，植物的毛在某些植物的生存上起到了举足轻重的作用。

有这样一种浑身长着白色棉毛的怪异小草，它生长在四川西部、云南西北部和西藏东部海拔1 000~5 000米的泥石滩上，外表矮小、上半身像一堆棉花糖的它常躲在积雪和残冰中，它的药效与新疆天山上的名贵草药雪莲花很相似，根据它奇特的外形，植物学家给它起了一个形象的名字——绵头雪兔子。

在攀登高山时，运动员为了克服高海拔地带空气稀薄、气温低、太阳辐射强等恶劣的气候条件，需要采取许多有效的防护措施。

绵头雪兔子的生活环境则更加艰苦，一旦在岩石缝隙或碎石中扎根，就要在原地忍受生长过程中几十个日日夜夜的严寒和强太阳辐射的考验。但是，为什么绵头雪兔子有如此强大的生命力，在如此恶劣的环境里还能生生不息呢？植物学家经研究发现，这是由于它们身上白色棉毛的作用。绵头雪兔子身上的棉毛与蝎子草的蜇毛不同，它们的毛是由死细胞组成的，已经失去了生命力，纯净的空气取代了细胞中的原生质体。这种充满气体的毛呈白色，具有很强的反光作用。它们可以保护植物体在晴朗的白天不被阳光灼伤；在寒冷的夜间又可以像羽绒服一样有效地保持植物的体温。

绵头雪兔子是菊科风毛菊属植物，在同属的数百个成员中，还有近二十种像绵头雪兔子这样身披棉毛的"高山勇士"，它们都是植物利用棉毛适应高山严酷生存环境的典范。

其实，我们身边的植物也有很多都有棉毛。例如，绢茸火绒草是一种生长在我国华北和西北等地区高山草地上的菊科植物，它们头状花序周围的总苞片被灰白色的棉毛盖得严严实实，在夏天烈日的照耀下银光闪闪，好像穿了一件羊绒外衣。

这些功能各异的植物毛为什么会成为植物生存的保护伞，其中还有很多不为人知的缘由，有待科学家们进一步探索。

植物的根总是朝下生长

举目四望我们周围的植物：绿树、花草或禾苗，参差不齐却郁郁葱葱。并且它们的根总是向地下生长，为什么会这样呢? 是什么力量促使它们的根朝下生长呢?

最普遍的解释是重力因素，认为地球的引力是影响植物生长方向的重要因素。植物学家认为，植物的根总是朝着地心引力的方向生长，是通过生长调节剂在根细胞里的不同分布来实现的。

最近，几位美国科学家对玉米、豌豆和莴苣的幼苗进行专门的研究后发现，植物根冠的细胞壁上积累着大量的钙，密度最大的部位在根冠的中央。由此，他们认为，除了地球重力因素的影响外，钙对植物根的生长方向，也起着非常重要的作用。

　　科学家们认为，不只人类和动物能识别方向，很多植物也有辨别方向的能力。在美国有一种莴苣，其叶面总是和地面垂直，且全都是南北指向，因此，人们将其称为"指南针植物"。为什么这种植物的叶片会有这种奇特的习性呢？有两位植物学家在经过仔细观察后发现，只要一遮阴，植物叶片的指南特性就消失了，因此，他们断定叶片指南一定与阳光密切相关。在进一步研究后他们发现，叶片的指南特性对植物的生长很有利，因为在中午阳光最强烈的时候，垂直叶片的受光面积极小，可以大大减少水分的蒸腾；而在清晨和傍晚，叶片又可以在耗水少的情况下进行较多的光合作用。这样，指南针植物即使在干旱的环境条件下，也能得到较好的生长。

　　不过，植物生长的方向到底取决于什么，目前依然是个科学难题。

植物也能做手术

　　植物如果生病了应该怎么办? 能像人类或动物生病了那样通过吃药、打针、外科手术等各种手段进行诊治吗? 是的, 植物生病了同样需要加以诊治。

　　植物生病最常用的治疗手段就是实施外科手术。包括清除植物病灶的"扩创"手术、"截肢"手术, 甚至是骇人听闻的"砍头"手术。

　　为什么需要对植物实施"外科手术"呢? 原来, "外科手术"可以清除植物局部患病的组织, 有效地防止病灶扩散, 能去除病源, 以便植物能健康生长。而且"外科手术"对于防止果树、树木的烂皮病、溃疡病和腐烂病等十分有效。

　　例如, 树木得了由类立克次体引起的病害, 如果及时进行"截肢手术", 用剪刀把病枝剪掉, 就能防止病害蔓延到全树, 可以收到很好的防治效果。患簇生病的檀香木和得簇顶病的木瓜, 病源在植物体内移动极慢, 往往只局限在顶梢。这时如果果断地下决心实行"砍头"手术, 及时去掉患病的顶梢, 檀香木和木瓜就能重新健康地生长。

　　有些植物经过手术后, 还需敷药。例如, 患簇生病的檀香木在实施"砍头"手术后, 将金霉素糊状药剂敷在病树茎的截面上, 疗效就会更好。

植物间的"生化大战"

　　二战时，美国向日本的广岛、长崎扔下两枚原子弹，加快了二战结束的进程，同时也给当地的生态环境造成巨大破坏，遗患至今。在现代的国际社会，这种能给全人类带来无法估量的灾难的化学战争是坚决被禁止的。但是千百年来，在植物间却悄悄地进行着化学战争，这是它们为抵御其他植物或昆虫、动物等的侵袭，维持生存的手段。

　　其实有些植物比人类更聪明，面对那些袭击它们的昆虫，并不是坐以待毙，而是拿起它们的化学武器进行抵抗。舞毒蛾在袭击了橡树以后，会被橡树叶子分泌的一种叫单宁(单宁也叫胺质，是一种能溶解于水或酒精的化学物质，略带酸性，有涩味，多存在于某些植物的干、茎、皮、根、叶子或果实里面)的化学物质所毒害，反应变迟钝，行动也变缓慢，最后只能成为鸟儿的美餐。

　　据科学家观察，西红柿和土豆在遭受某些昆虫侵袭的时候也会分泌一种叫阻

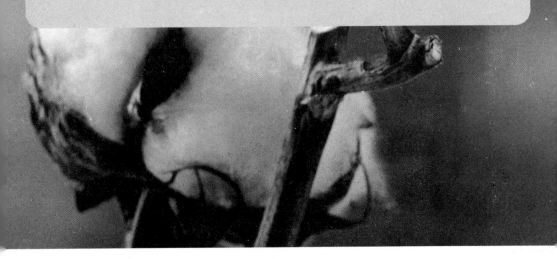

化剂的化学物质,昆虫如果把这种化学物质吃到肚子里就无法进行消化,以后它们就再也不敢偷吃西红柿和土豆了。还有一种叫作赤杨的树在受到枯叶蛾的攻击后,树叶就会迅速分泌出更多的单宁酸和树脂,减少营养成分。蛾子只好飞向另一棵赤杨,但没想到这棵赤杨也早就接到警报,把身上的营养成分都转移到其他部位,并备好"化学武器"准备迎接它们的"大驾"了。

还有一种体内含有特殊化学物质的植物,叫作藿香蓟。它有着十分厉害的一招,它的化学物质会使昆虫发生变化,以致昆虫无法产卵,再也无法生儿育女。所以昆虫以后也只能对它敬而远之了。

美国有两位科学家在华盛顿州的西特尔城的一片树林进行了有关植物化学物质的实验。他们发现这片树林里的柳树和桤树的树叶一旦遭到某些昆虫(比如毛虫)的侵袭,营养性质就会发生变化。为了弄清这些营养物质如何发生变化,变化到什么程度,他们开始进行一项实验:把几百条毛虫都放到树上,然后仔细观察,很快他们就发现这些树木在遭到袭击后会在树叶上面分泌出一种属于生物碱或耐烯化合物的化学物质,昆虫吃了后很难消化,就再也不敢侵犯它了。更令人惊奇的是,两位科学家无意之中竟然发现在距离这片树林约30~40米远的另一片树林里,同样也散发出了这种化学物质,但是这里并没有人来放毛虫,而且又相距这么远,那里的树林是以什么方式得到"警报信号"的呢?

科学家们还发现,黑核桃长在哪里,哪里的植物就不得安宁,十分"霸道"。原来黑核桃能分泌一种对许多植物都有害的化学物质,使得它周围的植物都不能正常生长。

　　有科学家做过这样一个实验：他们把种植着野草的花盆里的水取出一部分，浇到苹果树的根部，发现苹果树的生长速度明显变慢了。经过分析，他们得出结论：野草能够分泌对苹果树有害的化学成分。

　　还有科学家发现：在美国南部和墨西哥的干旱地区生长着一种银胶菊，它的根部能分泌一种能量相当大的化学物质，即使用两万倍的水把这种物质稀释了，它仍具有很强的抑制作用。但是银胶菊却不似黑核桃那般霸道，它是个彬彬有礼的君子，它分泌这种化学物质是为了进行"计划生育"。植物为什么也要进行计划生育呢？原来，银胶菊生长的地区降水量非常低，严重干旱缺水，为了节约宝贵的地下水，避免整个地区物种的灭亡，它们只好对自己的苗木繁殖加以控制了。

　　科学家从这些植物的身上得到灵感，进行了一些探索研究，并发明和研制了一些更有趣的化学物质。如在水果的生长过程中使用一种特意研制的生长素，就能使水果提前成熟。同时，科学家还研制了一种能加速植物衰老、使叶子提前脱落的化学物质：脱落酸。这种脱落酸可不是专门用来搞破坏活动的，在遇到气温升高或空气中水分含量增加的时候，这种脱落酸就能派上用场了。把植物的种子浸入到脱落酸里，种子就会进入休眠状态，从而避免种子提前发芽的现象发生。因此，如果使用得当，这种脱落酸也会为人类造福。在遇到天气突然变冷的时候，也可使用脱落酸让某些植物的叶子提前脱落，进入休眠状态以保护植物。

　　现在，许多农民将这种化学物质用到棉花的生产中。在棉花成熟的季节，用脱落酸将棉花的叶子全部脱掉，棉花田里就只剩下挂满棉桃的棉花秆了，用摘棉机收获棉花就十分方便了，并且收棉效率、棉花的质量都有很大提高。

　　此外，科学家还研究了许多用于农作物和其他植物的化学物质，如有一种作用正好与脱落酸相反的植物激素叫细胞分裂素，它能促进植物生长发育，延缓植物衰老，使蔬菜长时间保持新鲜，提高果实的产量等。可见，化学物质对植物的生长真是有着非常重要的作用呢！

植物设计师

　　日常生活中，我们离不开植物，在我们人类的发展过程中，植物也曾给予我们很多有益的启示。

　　鲁班是我国古代著名的发明家，有这样一个关于他的传说：有一次他在山上砍柴，不小心被一棵丝草划破了手。如此柔嫩的小草怎么能将长满老茧的手划破呢？鲁班觉得非常奇怪。细看之下才发现，原来叶子边上有许多又尖又细，十分锋利的小刺。他由此想到，如果将刀具也制作成这样，会不会更加锋利呢？于是他请铁匠依此将一把铁片打造成刺状，再加上一副木框，拿它来锯

树，发现速度比斧头快多了，世界上第
一把锯子也由此诞生。

　　车前草貌不惊人，十分普
通。但它叶子的结构却十分奇
特，是按螺旋形来排列的，使每
片叶子都能得到充足的阳光。建
筑师们由此得到灵感，设计建造了
一座螺旋状排列的13层楼房，这种建
筑十分新颖别致，每个房间都能享受到温
暖明亮的阳光，避免了普通楼房结构方面的不足。

　　高山上的云杉树干底部粗大、上端细小，正是这种形状使得云杉即使长年累月
受到狂风的袭击，也能牢牢地挺立在山冈上。电视塔类似圆锥形结构的设计灵感便
是从云杉那里得到的，这种模仿云杉建成的电视塔即使遇上台风的冲击也不会有倒
塌的危险。

最近，日本建筑师从翠竹挺拔和坚韧的特性中得到启发，设计并建造了一幢43层的大楼。这幢大楼的设计与热带的参天大树有异曲同工之妙，上窄下宽的结构使它即使遭到强烈地震的袭击也能安然无恙。

天麻无根无叶的原因

天麻在古医书上有"神草"之称，是我国一种十分珍贵的药材，对眩晕、小儿惊痫等症有特殊的疗效。天麻的生长过程神秘莫测，长相也别具一格。

初夏时节，在阴湿的林区山间，从地面突然冒出像细竹笋似的、砖红色的花穗，穗的顶端排列着黄红色的朵朵小花，不到1米长的光杆孤零零地摇曳着，看上去真像一支箭，所以有的地方叫它"赤箭"。花开过后，结上一串果子，每个果里有上万粒不到1微米长、小如沙尘的种子，随风飘扬，却不见一片绿叶长出。细心的采药人，顺着这根"赤箭"往下追，从地下挖出一些像马铃薯、鸭蛋、花生米等不同大小的块茎，也找不到一条根，这些块茎就是天麻。

没有根，不见叶，全身没有叶绿素，不会进行光合作用，也无法吸收水分和无机盐类，那天麻是怎样长大的呢？原来，天麻在生长期有它自己的秘诀："吃菌"。

在林子里到处蔓延着一种名叫蜜环菌的真菌，菌盖是蜂蜜色，菌柄上有环，所以叫作蜜环菌。它们的菌丝体无孔不入，专靠吮吸其他植物的养料为生，腐烂木材、危害森林。当遇到天麻时，菌丝也照例把块茎包围起来。没想到真菌这时占不到便宜了，天麻的细胞里有一种特殊的酶，能把钻到块茎里面来的菌丝当作很好的食料消化、吸收掉，真菌反而成了天麻的食物！靠着蜜环菌的喂养，天麻长大了，没有根和叶一样生活得很好。这样，在漫长的进化过程中，根和叶慢慢退化了，在块茎的节间，我们还可以依稀看到叶的痕迹——薄薄的小鳞片。可是，当天麻衰老的时候，生理机能衰退，已没有"吃菌"的能力，这时反而成为蜜环菌的食物。所以，天麻和蜜环菌是共生的关系，前期天麻吃蜜环

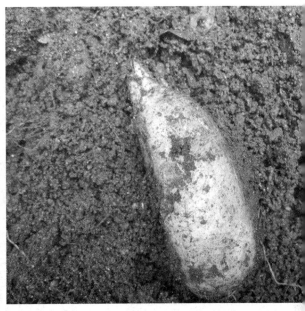

菌，后期则是蜜环菌吃天麻。

当人们摸清楚天麻的脾气后，只要把它的"粮食"——蜜环菌准备好，给它一个阴湿的环境，在平原地区也可以进行人工栽培。

小知识

虽然天麻无根、无叶，可它具有高等植物最大的特征：有复杂的开花、结实器官，用种子繁殖后代。它属于兰科植物，兰科里不少植物都生得稀奇古怪，天麻恐怕是其中最有趣的成员之一！

斑竹竹斑的形成

  毛泽东主席在九嶷山上观赏秀美的斑竹时曾写下这样一首诗:"九嶷山上白云飞,帝子乘风下翠微。斑竹一枝千滴泪,红霞万朵百重衣。"

  九嶷山,位于湖南省永州市宁远县城南30千米处,素以独特的风光、奇异的溶洞、古老的文物、动人的传说驰名中外。又名"九疑山",山上碑刻也大多称它为"九疑",只有清代同治年间王方晋的碑文中写为"九嶷"。据说,它有舜源、娥皇、女英、潇韶、石城、石楼、桂林、杞林、朱明等九座山峰,常常会使游人感到十分惊疑,九嶷山由此得名。

  九嶷山上长有一种秆高7~13厘米、直径3~10厘米的斑竹,生长在海拔2 000米的高山上。斑竹的秆具紫褐色斑块与斑点,分枝也有紫褐色斑点。这种斑竹用处不大,最开始只是当地农民砍下它拿回家挂蚊帐用。不过山中的古代碑文铭刻

中，提到斑竹的就有好几处："往往幽踪传帝子，万竿修竹晕成斑""泪痕空点斑竹苔"……

斑竹在古代产于湖南湘江一带，又名"湘妃竹"。《楚辞·九歌》有这样一个美丽的传说：古代南方有条恶龙危害百姓，舜帝知道后寝食难安，决定去南方替百姓除灾解难，惩治恶龙。最终在同恶龙斗争的过程中牺牲了。他的两个妃子娥皇、女英闻讯赶来，十分悲痛，一直哭了九天九夜，最后也死在了舜帝的坟边。她们的眼泪洒到了九嶷山的竹子上，竹竿上便呈现出紫色的、雪白的，甚至是血红的泪斑，"湘妃竹"由此得名。

当然，传说终归是传说，竹斑并不可能是妃子的"泪痕"。那么，竹斑到底是怎么形成的呢？原来，竹斑的形成与斑竹的生长环境密切相关。斑竹生长在苦竹丛

下，环境湿度高达95%，温度在28℃~29℃之间。竹子一出生便会被这里的一种寄生青苔缠上，一直伴随其生长。当竹子被砍掉，刮掉覆盖在上面的青苔，竹子上的斑痕便露出来了，这些斑痕就是诗人笔下的"千滴泪"。它实际上是真菌寄生在竹子身上留下的美丽花纹。

还有一种刚竹被称为"虎斑竹"。它上面生有茶褐色或者赤褐色不规则的斑点，呈云纹状。寄生在竹子上的这种真菌，不但对竹子的生长无害，反而增添了竹材的工艺价值，可以用它生产出精美的竹制工艺品。据统计，九嶷山上现在只存有一万多根斑竹，已经被保护起来。

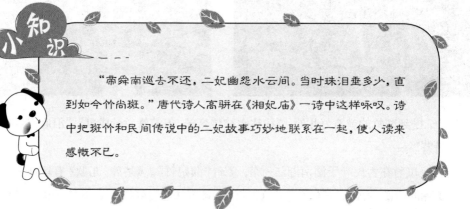

小知识

"帝舜南巡去不还，二妃幽怨水云间。当时珠泪垂多少，直到如今竹尚斑。"唐代诗人高骈在《湘妃庙》一诗中这样咏叹。诗中把斑竹和民间传说中的二妃故事巧妙地联系在一起，使人读来感慨不已。

神秘的海底之花

1965年3月21日，潜水员瑞克在澳大利亚西海岸的外海地区潜水。当他正在下潜的时候，突然在一块岩石上看到一朵非常美丽的小花，这朵花的花瓣是红色的，下边还长着黄色的叶子。据说潜水员如果看到海底之花便会有好运，想到这里，瑞克十分高兴。他伸手准备将小花摘下来，谁知道手刚一碰到小花，他的整个手臂如同触电般一阵麻痹，几乎晕死过去。他拼命游出了水面，伙伴们将筋疲力尽的他送往医院，经过抢救，他终于脱离了危险。

瑞克在医院里向伙伴们提起了这件怪事，大家都觉得十分不可思议。于是只好求助于著名的植物学家哥萨教授，听完瑞克的讲述，教授十分感兴趣，决定帮他调查清楚这件事，揭开海底之花的谜团。

在潜水员的帮助下，哥萨教授在瑞克出事的地方下潜到了海底寻找他所说的海底之花。终于看到了那朵红色的小花，教授十分兴奋，由于事先做好了准备，他戴上了三层专用的防护手套，把手伸向了小花。但是手套也未能抵挡住海底之花的"攻击"，教授被一阵强烈的电流几乎电晕过去。但教授很快调整过来，他从身上抽出砍刀试图将海底之花砍下来以做研究之用，但海底之花异常坚固，这时教授已经筋疲力尽了，他只好使出全身力气将小花的花瓣砍了下来。

潜水员们迅速将教授从水里捞出来，奇怪的是，他手里握着的海底之花的花瓣一离开水面便迅速干枯了，并由原来的鲜红色渐渐变为墨绿色。

处于半昏迷状态的教授被迅速送往医院进行抢救，最后虽然脱离危险，但几天后，那种麻痹的感觉仍时时困扰着他。看来传说中神奇的海底之花确实存在，但为什么海底之花会使人麻痹？为什么它的花瓣会迅速干枯？为什么它的花瓣和叶子会如此坚韧？教授更加迷惑了。至今，这些问题都还是未解之谜。

冰藻也有自卫能力

人类和动物在危险时刻都会进行自卫。有趣的是，生活在南极海域中的冰藻也有自卫能力，不过它是对紫外光有着明显的自卫能力，正是因为它的这种能力使得它能对其他海洋生物起"屏蔽"保护作用。那么，海藻是如何自卫的呢？

1986年以来，南极上空出现了臭氧洞，对地球生态环境和人类的生存造成了极大的威胁。为此，世界各国都加强了对臭氧洞的研究。其中最重要的课题之一便是研究臭氧洞的紫外线对南极海洋的穿透能力及其对海洋生物的影响。

众所周知，强烈的紫外线对地面生物具有明显的杀伤力。因此，强紫外线一般在医院和实验室用于消毒、杀菌等。人如果在阳光下暴晒，皮肤就会变黑。不过从阳光中射过来的紫外线不像从臭氧洞穿过来的那样强烈。强烈的紫外线会使人得皮肤癌，这也是不争的事实。

紫外线不只对陆地生物，对海洋生物的影响也非常大。现在，由于臭氧层被破坏，南极海洋浮游植物的生产力大幅降低。强烈的紫外线会使染色体、脱氧核糖核酸和核糖核酸产生畸变，从而导致生物的遗传病和产生突变体。

冰藻是海洋中浮游植物的一类，主要为硅藻，聚居地一般在海洋的底层或中间层。它们的生活方式独特，生长繁殖能力也十分顽强。在南极海洋生态系统中占有重要地位。人们一直不知道冰藻对紫外线有吸收和"屏蔽"作用，率先发现冰藻对紫外线辐射有"自卫"能力这一现象的是芬兰的一位科学家。实验结果发现，冰藻在波长330纳米处的紫外线吸收峰比一般浮游植物高，冰藻还能吸收波长270纳米的紫外线，这两种波长的紫外线正是臭氧洞中透过的紫外线的波长范围之一。这与一般浮游植物是不同的。它的这种能力使紫外线不能穿透海洋上的冰块，从而使冰下海水中的其他海洋生物不受紫外线的伤害。

作为海洋生物中的一种浮游植物，冰藻为什么会有其他海洋植物所没有的"自卫"能力呢？海洋生物学家们认为，冰藻的"自卫"能力可能与能防紫外线的氧化酶和催化酶有关，但目前还没有弄清楚其确切机制。

带刺的玫瑰

　　娇艳的玫瑰芬芳艳丽，深得人们喜爱，但是她身上却长满了刺，似乎是怕别人伤害她。玫瑰花为什么会长刺呢？在希腊故事中，玫瑰是爱神维纳斯创造的。有一次，一些蜜蜂在花园里蜇了丘比特的鼻子，维纳斯很生气，就拔掉了它们的针，针都掉到玫瑰花上了，所以玫瑰以后就带刺了。

当然，玫瑰花的刺其实是大自然赐予玫瑰的特殊礼物。玫瑰娇嫩美丽，没有什么自我防卫武器，为了保护自己的叶、花和芽，避免动物和鸟类把它们吃掉，玫瑰只有长出锋利的硬刺，可以说这也是植物的一种自我保护。

玫瑰花语

玫瑰色彩缤纷，不同颜色的玫瑰所表达的内涵也不尽相同。红玫瑰代表热情、真爱，所以在情人节那天，人们会选择以赠送红玫瑰来表达自己对情人的爱恋；黄玫瑰代表珍重、祝福和道歉，将黄玫瑰作为礼物送给朋友，代表纯洁的友谊和美好的祝福；白玫瑰代表纯洁、天真；紫玫瑰代表浪漫、真情和珍贵、独特；黑玫瑰则代表温柔、真心；橘红色玫瑰代表友情和青春美丽；蓝玫瑰则代表敦厚、善良。

功效多样的玫瑰

玫瑰不但非常美丽，还具有较高的药用价值。玫瑰可以入药，其花有行气、活血、收敛伤口的作用。玫瑰是提取天然维生素C的优质原料，果实中的维生素C含

量很高。玫瑰香气馥郁，是世界上著名的香精原料，早在隋唐时期，就备受宫廷贵人的青睐，据说杨贵妃一直能保持肌肤柔嫩光泽的最大秘诀，就是在她沐浴的华清池内，长年浸泡着鲜嫩的玫瑰花蕾。玫瑰花瓣既可沐浴也可护肤养颜，是一种天然的美容护肤佳品。玫瑰还十分可口! 人们常用它熏茶、制酒和配制各种甜食。

四季常青的植物也落叶

　　繁茂而碧绿的枝叶使大自然显得生机勃勃，但是随着秋风的扫荡，大部分树叶都会纷纷飘落。然而也有很多植物似乎不受季节变换的影响，四季常青，在温带、寒带地区生长着的松柏一类的针叶树便是如此。当北国千里冰封、万里雪飘的时节，南方热带、亚热带的椰子、茶树和柑橘等，却依然枝叶繁茂。为什么这些植物能四季常青、永不凋零呢？

　　其实，这些常绿植物的叶片并非永不凋落。它们不像落叶植物那样从生长季节开始发育，到生长季末就全部凋落了，而是在冬天或一个生长季节的后期。它们的叶子并不会一下子全部掉光，而是在新叶生出以后，老叶才陆陆续续地脱落下来。因此，它的茎枝上始终都长有鲜嫩的绿叶，让人误以为它是永不凋落的植物。所以，在温带寒冷的季节，或亚热带的炎热干燥季节里，树叶全部落光的植物就是落叶植物。

　　不过，对植物落叶这个问题，也得辩证地看待。同一种树木，其落叶情况也会根据生长地区的不同而不同。如麻栎在温带和暖温带是秋季落叶，在海南岛则变成四季常青的植物了。

　　每年一到秋、冬季节，落叶植物的叶片就会纷纷落下，仅剩下光秃秃的枝丫。而常绿树的寿命比落叶植物长多了，如松树的针叶可活3～5年；紫杉叶的寿命为6～10年；冷杉叶的寿命可长达12年。

落叶背朝天
的原因

　　落叶从树上飘落下来绝大部分都是面朝地、背朝天的，这是日常生活中很常见的现象。但是落叶为什么总是背朝天呢？

　　原来一片树叶面与背的构造是不相同的。叶面的表皮下由排列有序、结构紧密的细胞层，即"栅栏组织"构成；叶片背面则是由排列疏松的细胞层，即"海绵组织"构成。这两种结构不同的细胞层，形成了同一片树叶"背"与"面"不同的比重：叶面要重于叶背。在树叶飘落时，自然是以结构紧密较重的一面先落地了。

　　还有一个原因，叶子在生长的过程中，由于种种原因，形状会变成弯曲状，叶尖下垂，所以下落的时候会正面朝下，背面朝天。

风景树"皇后""生子"之谜

  雪松是松科家族的佼佼者，树体高大，亭亭玉立，洁净如碧，为世界著名的三大观赏树种之一，有风景树"皇后"的美誉。印度民间将其视为圣树。雪松最适宜孤植于草坪中央、建筑的前庭中心、广场中心或主要建筑物的两旁及园门的入口等处。雪松原产于喜马拉雅山西部阿富汗至印度海拔1 300~3 300米之间，不过，遗憾的是，这高贵的"皇后"引进我国后却迟迟不肯"生子"。这是什么原因呢？

  松树一般都是雌雄同株的裸子植物。春天新枝的基部生出雄球果，顶端生有1~2个雌球果，雌球果的表面会分泌出一种黏液，风一吹，雄球果上的花粉便被吹散，就能粘在雌球果上，使其授粉结籽。

  但是，在雪松结的松塔里全是空的，很难找到一个松子。经科学家们长期观察发现，原来雪松绝大部分都是雌雄异株，雌雄同株者只占5%。我国引进的雪松多是孤株栽植，很少成林。再加上我国的地理条件和印度、阿富汗有很大不同，这就使得雪松雌球果和雄球花的成熟时间相差10天左右，所以，当雄球花上的花粉被吹散时，雌球果还未成熟，自然授粉效果差，因此，这种风景树"皇后"也就一直未能生下"一儿半女"。为了获得饱满的种子，繁殖雪松，人们把成熟的雄球花摘下，筛选出花粉，放在0℃~5℃的冰箱里保存，等雌球果成熟时，进行人工授粉。从此，结束了我国雪松一直靠从国外引进的历史，使得雪松家族在我国也能旺盛地繁衍。

合欢树预测
地震之谜

我们知道很多动物有预测地震的本领，但植物也能预测地震，你知道吗？植物生理学家最近发现，有些植物不仅能对外界变化作出相应反应，而且还具有一套独特的预测灾祸降临的本领。

日本有一位名叫鸟山的学者，专门从事植物地震预测方面的研究。他以合欢树作为实验对象，用高灵敏度的记录仪器，测量合欢树的电位变化。

经过数年的研究，鸟山惊奇地发现，这种植物能感受到火山活动、地震等前兆的刺激，在这些自然现象发生之前，合欢树内会出现明显的电位变化，电流也会突然增强。例如，1978年6月6日至9日4天中，合欢树电流正常，但1978年6月10日至11日，突然出现极强大的电流，结果6月12日下午5点14分，在树附近的地区发生了里氏7.4级的地震。此后，余震持续了十多天，电流也逐渐减弱。余震消失后，合欢树的电流才恢复正常。1983年5月26日中午，日本海中部发生了7.7级地震，在震前的20多个小时，鸟山教授又一次观察到合欢树异常的电流变化。

实验表明，合欢树不仅能预测地震，而且预测的还十分准确。合欢树为什么能预测地震呢？有关专家认为，合欢树在地震前两天能够作出反应，出现异常大的电流，是由于它的根系能敏感地捕捉到作为地震前兆的地球物理化学和磁场的变化。

尽管现在已有许多地震监测仪器，人们仍期望加强对植物预测地震的研究，以便使人类能多途径地、更准确地预测、预报地震，尽可能地减少地震造成的危害及损失。合欢树的这个特点现在正逐渐为人们所应用，为人类准确预报地震提供了一条新的途径。

小知识

人们发现，很多植物在地震来临前都会出现异常现象。如蒲公英会在初冬季节提前开花；山芋藤也会一反常态突然开花；竹子突然开花或大面积死亡；柳树梢出现枯死等异常现象。

无花果的花之谜

　　无花果为桑科植物，从外观上只能看见果而不见花，故而得名。难道无花果真的是不开花就结果吗？其实，这是一个误解，世界上没有不开花就结果的植物。无花果不仅有花，而且有许多花，只不过人们用肉眼是看不见的。

　　平时人们吃的无花果，只是花托膨大形成的"肉球"，而并不是真正意义上的果实。无花果的花和果实都藏在那个"肉球"里面。这个"肉球"仅在上部开了一个小口，中间有一处凹陷。在凹陷周围开了许多小花，这就是植物学上所说的"隐头花序"。

　　如果把无花果的肉球切开，用放大镜观察，就可以看到里面有无数的小球，小球中央的孔内生长着无数绒毛状的小花。雄花和雌花上下分开，每朵雄花、每朵雌花各结一个小果实，也藏在"肉球"内。因此，无花果的名字其实是名不副实的。

无花果可以起到净化空气、改善环境的作用。它对二氧化硫、三氧化硫、氯化氢、二氧化碳、硝酸雾以及苯等物质，都有一定的抵御吸收能力，所以，可以在大气污染严重的地区栽植无花果。

美味的无花果

　　无花果味道香甜，营养丰富。鲜果中果糖和葡萄糖的含量高达15%～28%，还可以加工成蜜饯、果干、果酱和罐头食品。无花果入药可开胃、止泻，是治疗喘咳、吐血和痔疮的良药。

香蕉树不是树

　　香蕉树十分粗壮高大，有的树高甚至超过10米，因此，它往往被人们认为是一种树。其实，香蕉树并不是树，而是一种生长在热带的草本植物。

　　香蕉树真正的茎是地下的块状茎，那里贮存着丰富的营养物质，香蕉的根系、叶片、花轴和吸芽都是从这里生长出来的。地面上的树干部分则是由叶鞘相互包裹所成的假茎，每一片新叶都从中心部分的地下茎伸出，生长至最后一片叶时，由假茎中心伸出花轴及花序，因此香蕉树并没有坚硬的木质部。香蕉树一般都是软软的，不能像其他的树木那样坚硬挺立，也不能像别的树木那样年年直立生长，生长一段时间后，生长期就结束了，树上的枝叶就会逐渐枯死。等到来年再从根部长出新芽，继续向上生长，展开阔大的叶子，再结出新的果实。根据香蕉树的这些生长特点，可以判断它其实并不是真正的树。为了区别它和香蕉的果实，才称它为"香蕉树"。

香蕉的种子

香蕉的种子所存在的位置十分隐蔽且不易察觉，因此，人们一直认为香蕉是没有种子的。其实香蕉的种子就在香蕉树的果实中，也就是我们平时所吃的香蕉顶端。但是香蕉的种子缺少胚乳，很难萌发成香蕉树，所以香蕉树一般采用扦插、压条、断根等无性繁殖的方法。

鳄梨不是梨

　　鳄梨是樟科鳄梨属的一种，又名"牛油果"。原产于中美洲，全世界热带和亚热带地区均有种植，但以美国南部、危地马拉、墨西哥及古巴栽培最多。中国的广东、福建、台湾、云南及四川等地也有少量栽培。

　　鳄梨的外形长得很像鸭梨，所以经常被误认为是梨的一种。但其实它跟蔷薇科的梨相差十万八千里。那么，它为什么会被称为鳄梨呢？原来，某些种类的鳄梨表面凹凸不平，有的粗糙并木质化，像鳄鱼皮一

样有颗粒状物。鳄梨的形状为梨形，颜色为绿色至暗紫色。将果实剖开后，果肉呈淡绿色或淡黄色，像黄油一样黏稠，口感也与奶油十分类似。鳄梨含有高量不饱和脂肪酸，常用于沙拉，故又称"黄油梨"。

小知识

鳄梨含有丰富的维生素B_1、B_2和维生素A，其所富含的不饱和脂肪酸及人体必需的脂肪酸，对于血脂的控制有很大帮助。墨西哥还有一种独特的食品鳄梨沙拉，其主要配料就是鳄梨泥。

草莓的种子

很多植物都是靠种子来繁殖，苹果的种子藏在果核里，橙子的种子包在果肉里。可我们似乎很难见到草莓的种子，那么，草莓有种子吗？如果有，它的种子又藏在何处呢？

草莓当然也是有种子的，它的种子就藏在它的"脸上"，果皮上那些黑点点就是草莓真正的种子。草莓的种子在植物学上称为瘦果，种子呈螺旋状排列在果肉上，为长圆锥形，呈黄色或黄绿色。不同品种的种子在浆果表面上嵌生的深度也是不一样的，或与果面持平，或凸出果面。一般而言，浆果上种子越多，分布越均匀，果实发育就越好。草莓种子的发芽力一般为2～3年。因此，我们平时所吃的草莓的红色部分并不是普通的果肉，而是草莓花托部分膨大形成的假果。

其实，现在生产上一般不用草莓的种子来繁殖，因为用种子繁殖出来的成苗后代性状分离严重，很难维持母株原有的优良性状。草莓通常是通过无性繁殖中的营养体繁殖，运用根、茎、叶的一部分就可发育成新的植株体，其匍匐茎产生的不定根就可繁殖后代。

梨的果心很粗糙的原因

梨吃起来爽脆多汁，酸甜可口，风味芳香。梨还富含糖、蛋白质、脂肪、碳水化合物及多种维生素，有益于人体健康。很多人都爱吃梨，可是每次吃梨快吃到果心时，就会觉得果肉变得又粗又硬，而且味道也变得酸酸的。

所有的梨都是这样吗？是的，每个梨的果心部分都特别粗糙。

　　原来，在梨的果实里面，有一种质地像石头一样粗糙的组织叫作"石细胞"，它是"厚壁组织"的一种，这种细胞的作用是保护种子。在靠近种子的中心部位，一般会发现附近的果肉吃起来特别粗糙，颜色也比其他部分深很多。其实这就是石细胞为了保护种子而增加了很多纤维质来让细胞壁变厚的缘故。

　　不过现在也有很多梨都是石细胞较少的品种，如丰水梨、鸭梨等。

"指南草"指南之谜

内蒙古大草原十分辽阔美丽,旅行者往往会流连忘返。但美丽的草原也暗藏凶险,一不小心就会因找不到方向而迷路。这时,当地的牧民就会从地上拔起一棵草,让旅行者沿着这棵草所指示的方向走,这样就不会迷路了。这棵草就是当地的"指南草"。

"指南草"是内蒙古草原上一种特有的植物,它是草原上一种叫"野莴苣"的植物的俗称。"指南草"的叶子呈南北向生长,基本上垂直地排列在茎的两侧,并且叶子几乎与地面垂直,"指南草"为什么可以指示方向呢?科学家发现,越干燥的地方,所生长的"指南草"指示的方向就越准确。原来,内蒙古草原十分辽阔,一望无际。几乎没有什么高大的树木。一到夏天,草原上的草就只能忍受那火辣辣的太阳的炙烤,中午时分,整个草原就像一个大火炉,十分炎热,水分也蒸发得很快。在这样的环境中,野莴苣只好让叶子与地面垂直且呈南北排列,这样可以在中午阳光最强烈的时候减少阳光直射的面积和水分的蒸发,还有利于吸收太阳的斜射光,增强光合作用。

内蒙古草原还有蒙古菊、草地麻头花等植物也像野莴苣一样能指示方向。

其实在自然界中,很多植物为了生存都练就了自己独特的本领,能不断改变自己,让自己以最佳的状态适应环境。在非洲的马达加斯加岛,有一种奇特的"烛台树",当地人都把它当作指南树,在大森林里迷路的人只要找到它就能找到方向了。因为它的树干上长着一排排细小的针叶,而且不管树长多高,也不论长在什么地方,它那细小的针叶总是指向南极。

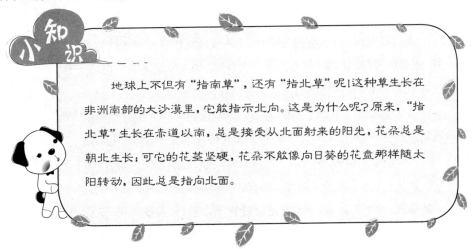

小知识

地球上不但有"指南草",还有"指北草"呢!这种草生长在非洲南部的大沙漠里,它能指示北向。这是为什么呢?原来,"指北草"生长在赤道以南,总是接受从北面射来的阳光,花朵总是朝北生长;可它的花茎坚硬,花朵不能像向日葵的花盘那样随太阳转动,因此总是指向北面。

无叶之树的秘密

  树木一般都有叶子，如果说世界上还有不长叶子的树，你是不是觉得很有趣呢？在南京中山植物园的温室里，就有两株不太高的光杆无叶树，科学上称它"绿玉树"。这种树的树干、树枝都是绿色的，但一年到头总是光溜溜的。有时在新枝的顶端能看到三五片极小的叶，但也会很快脱落。因此，人们称它"光棍树"。

  绿玉树为什么会只长树干、枝条，不长树叶呢？其实在很久以前，绿玉树是有叶子的，但绿玉树的老家远在气候干旱、雨水稀少的非洲，为适应严酷的自然环境，绿玉树经过长期的进化，叶子越来越小，逐渐消失，最后成了无叶之树。没有叶子对绿玉树来说是件好事，这样就可以减少体内水分的大量散失。绿玉树的枝条里含有大量的叶绿素，能代替叶子进行光合作用，制造其生长发育所需的养分。这是绿玉树同干旱作斗争的巧妙方法，也是它经受长期自然选择的结果。

  不只绿玉树，很多植物为了生存，不仅要凭借自身顽强的生命力，还要适时作出改变，努力去适应大自然。如干旱地区的植物，就会采用减少叶片蒸腾作用的方法来保持体内的水分。

  大家都知道，植物蒸腾的主要门户是植物叶子上那些细小的气孔，气孔口有两个呈半月形或哑铃状的特殊的保卫细胞。孔口敞开时，表明植物体内水分充足；在缺水时，孔口就会紧闭，以减少水分的散失。禾本科植物的叶里，还有一些特殊的大细胞，水分充足时就膨胀，使叶片舒展；水分不足时就收缩，使叶片卷成筒状，这样做也能在一定程度上减少植物水分的散失。有的植物为了长期同干旱的环境作斗争，会把自己变成全身披甲的战士。如在叶面上生成一层厚厚的蜡质、角质或绒毛之类的覆盖物，使表面细胞排列紧密粗厚。另外，在沙漠或者气候干旱的缺水地区，有些植物不长叶子，一些吃叶的动物见到光秃秃的树枝就不会去光顾它了，这样就减少了被动物吃掉的机会，这也是植物自我保护的一种表现。甚至还有植物的叶子全部退化，变成针刺状，以应付干旱。如仙人掌科的植物和绿玉树一样，因长期生长在非洲等沙漠地带，其叶子逐渐变成针刺状或毛状，也就不足为奇了。

小知识

像绿玉树这样不长叶子的植物，还有台湾的相思树、木麻黄、梭梭等。它们都是依靠树枝里的叶绿素进行光合作用，制造食物，为自己提供营养的。

春笋雨后生长最快

我们常用"雨后春笋"这个词来形容事物发展迅速。的确，春雨过后，竹林里的竹笋总是生长得特别快。不出几天，就能长成高高的竹子。

竹笋为什么在春季下雨后长得特别快呢？原来，竹子是禾本科的多年生常绿植物，它们有一种既能贮藏和输送养分，又有很强繁殖能力的地下茎(俗称"竹鞭")。地下茎和地上的竹子一样有节，是横着长的，节上长着许多须根和芽。这些芽到了春天天气转暖时，就会释放身体储备的各种生长所需的养分，向上升出地面，外面包着笋壳的就是我们常说的"春笋"。但在这个时候由于土壤还比较干燥，水分不够，所以春笋长得不快，有的还暂时藏在土里。这时如果降一场春雨，土壤中水分足了，春笋就会纷纷窜出地面。

竹笋的种类

竹笋的种类大致可分为冬笋、春笋、鞭笋三类。冬笋呈白色，肉质鲜嫩，是毛竹在冬季生于地下的嫩笋；春笋脆嫩甘鲜、爽口清新，被人们誉为春天的"菜王"，是在春天破土而出的新笋；鞭笋状如马鞭，呈白色，肉质爽脆，味微苦而鲜，是毛竹夏季生长在泥土中的嫩笋。

美味的竹笋

中国人十分喜爱竹子，历代文人墨客咏竹的作品众多，常常用竹子比喻谦虚、有节操的人。竹笋的营养价值较高，自古被视为"菜中珍品"，它所含的蛋白质比较丰富，还含有人体所需的各种氨基酸。另外，竹笋具有低脂肪、低糖、高纤维素等特点。清代文人李笠翁甚至认为肥羊嫩猪也比不上竹笋，把它誉为"蔬菜中第一品"。

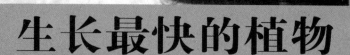

生长最快的植物

　　世界上生长最快的植物是哪种呢? 答案是毛竹。虽然它并不十分高大,生长速度却十分惊人,是名副其实的"生长冠军"。

　　在毛竹生命期的前5年,它的生长速度并不快。原来,它是在专心致志地发展它的内部力量,为以后的迅速生长做准备。此时毛竹的根向四周生长10多米,向地下扎根近5米深。到了第6年,一场春雨过后,便可在一昼夜间长1米多高。有的甚至能在24小时之内拔高2米。以这样的速度生长15天左右,最后大约能长到20多米。

霸道的毛竹

　　毛竹看起来斯文秀气，其实它还是一个小霸王呢！在毛竹的生长期，它强壮的根悄悄地"侵占"了周围其他植物根系的发展空间，致使其他植物无法获得生长所必需的水分和养料。它以资源垄断的方式独自生长，周围的其他植物只能眼巴巴地看着它生长。只有等到它的生长期结束，这些植物才能获得重新生长的机会。

竹子不常开花的原因

在日常生活中，我们很难见到竹子开花，而与竹子同属禾本科植物的稻、麦等作物开花却各有其时，这是为什么呢？

开花植物的生命周期从种子开始，经萌发、生根、生长、开花、结实，最后产生种子，便完成一个生命周期。一般来说，开花植物的生命周期大致分为三类：一年生植物是在一年或不到一年的时间里，完成了一个生命周期，植株随之死亡；二年生植物是在两年或跨两个年头的时间里，完成了一个生命周期，植株随之死亡；还有一种多年生植物则要经过几年生长以后，才开始开花结实，但植株却能存活多年。竹子却与这些植物不同，它属于多年生一次开花植物，能成活多年，但只开花结实一次，结实后植株就会死亡。

知道了这个道理，竹子为什

竹子在开花前，会出现一些反常的现象，如叶枯黄、脱落，出笋减少或不出笋。等到开花结实，养分消耗殆尽后，植株也会随之枯萎死亡。

么不经常开花的原因也就清楚了。

那么竹子多久才开花呢？这个没有人知道，因为竹子只有在遇上反常的气候时，才大量开花结实，以产生生命力强的后代，去适应新的环境，而在平常年景一般都不开花。所谓"竹子开花大旱年"，说的就是这个道理。

荷叶能凝聚水滴的原因

　　雨后初晴，人们可以在公园的荷塘边看到这样的美景：荷叶上的水珠滚来滚去，如泪滴般晶莹剔透，美不胜收。好奇的人可能要问了，这些雨水为何不能溶于荷叶，而在上面凝结成水珠呢?

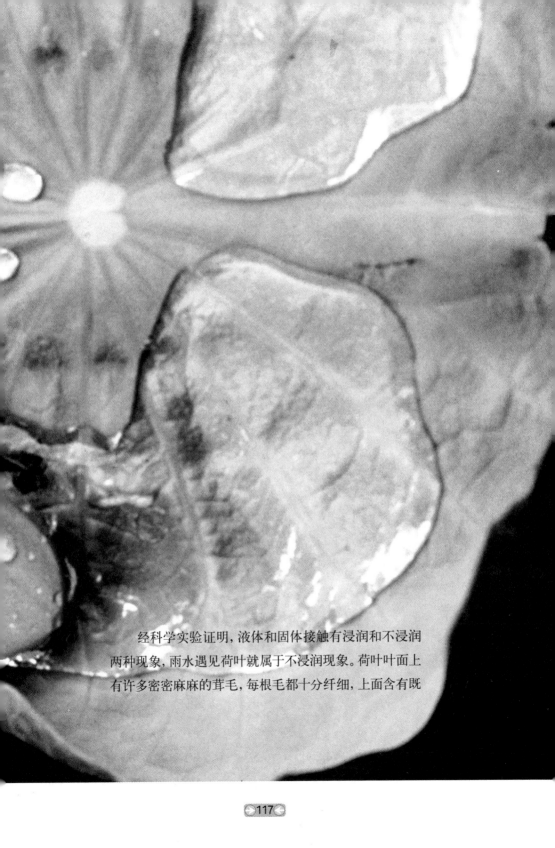

经科学实验证明，液体和固体接触有浸润和不浸润两种现象，雨水遇见荷叶就属于不浸润现象。荷叶叶面上有许多密密麻麻的茸毛，每根毛都十分纤细，上面含有既

不带正电，也不带负电的中性蜡分子。当水滴落到蜡面的荷叶上时，水分子之间的凝聚力要比在不带电荷的蜡面上的附着力强。所以雨水落在荷叶面上不会浸润整个叶面，而是聚集成水珠。

荷叶自洁效应

我们发现，荷叶上的脏东西只需用少量的水就可以很方便地清洗掉。原来，荷叶表面十分平坦，具有极强的疏水性，还有它那一层蜡状晶体，使洒在荷叶上的水自动聚集成水珠，水珠的滚动把落在叶面上的尘土、污泥粘吸并带离叶面，使叶面始终保持洁净，这就是著名的"荷叶自洁效应"。不过如果把一滴洗涤剂或洗衣粉溶入水珠，水珠就会立即解体散开平铺在荷叶上。

液体的表面张力

液体的水有一种被称为表面张力的特性，即聚拢自身体积的特性。这种张力的物理特性就像一层弹性的薄膜把水包裹住不让它流出来，使得液体的表面总是试图获得最小的、光滑的面积。

玉米头顶
开花腰间结实

玉米有一种非常奇怪的特性：头顶开花，腰间结实。不像一般的植物，哪里开花就在哪里结实。为什么玉米会有这样的"怪癖"呢？

这就得从植物的生长特性说起了，玉米和小麦等禾本科植物一样，都是雌雄同花植物。一开始玉米的花和果实都长在茎秆顶上，但是随着生活环境的变化，玉米的果实又非常硕大，这就使得柔弱的茎秆承受不了果实的重量，十分容易倒伏。为了继续生存和繁衍下去，

玉米不得不逐渐随着客观条件的变化而改变自身各部分器官的构造，这就使得玉米茎秆上花序的雌蕊逐渐退化，最后只剩下三个雄蕊；而长在玉米叶腋里的花序中的花，只留下了雌蕊，雄蕊退化了。

就这样，玉米从雌雄同花植物变成了同株异花植物。三株雄蕊的花高高地开在茎秆的顶端，借着风力传播花粉，而又大又粗的果实则牢牢地结在玉米秆中部的叶腋里，这样就不容易倒伏了。玉米这种头顶开花、腰间结实的现象是长期进化的结果，也是植物为了适应环境而不得不进行的改变。

耐寒植物的花朵也能发热

植物学家注意到了植物的一些奇特习性,如在气温常为零下几十度的北极地区,仍然有植物能够不惧严寒,绽放出美丽的花朵。更为奇特的是,这些植物花朵内的温度总比外部气温要高。

20世纪80年代,瑞典有三位植物学家在北极地区实地考察时发现,那里的很多植物都像向日葵那样有追逐太阳的习性,花朵总是对着太阳。他们想,花朵的内部温度比外界高会不会就是这个原因呢?为了证实这个猜想,他们做了一个实验,将一株仙女木花的花萼用细绳绑住,使其不能随意转动方向。结果显示,由于被固定的花不能追逐太阳了,它的温度比那些未固定的花朵温度要低0.7℃。这个实验证明了他们的猜想是正确的。由此他们认为,北极气候寒冷,花朵为了满足植物生长的需要,会做向阳运动以集聚热量,有利于种子的孕育及结果。

但是这一理论后来遭到了挑战。美国著名的植物学家丹·沃尔发现了一种叫臭菘的极地植物,这种植物花苞内的温度总是恒定地保持在22℃左右,这种现象用向阳理论就解释不通了。为了弄清臭菘是如何维持这个温度的,丹·沃尔进行了一系列的测试和研究,他发现臭菘体内的乙醛酸体细胞内部十分有利于酶的化学转移。花朵中的

"发热细胞"在臭菘体内的脂肪转变成碳水化合物时,会将其所释放的能量变为己用。

植物自然发热有着极其重要的意义。丹·沃尔的观点是,花朵内有了足够的热量,就能大大加速花朵香气的传播,招引一些甲虫、尺蛾等传粉使者前来为它们传播花粉。

有很多学者并不同意丹·沃尔的这一观点。美国植物学家克努森认为,臭菘提高局部温度更重要的是为了延长自身的生殖季节,使它有足够长的温暖期来开花、结果和产生种子,而并不仅仅是为了引诱昆虫。

丹·沃尔则辩解说,昆虫的肌肉在低温时几乎无法正常工作,在这种情况下,发热的花朵无疑像一间间温暖的小房,引诱昆虫前来寄宿,同时也达到了传播花粉的目的。

目前,耐寒植物花朵的"发热"现象还没有一个确切的解释,有待科学家们进一步探索。

植物的辐射
也能治病

　　欧洲著名的医生、杰出的草药巫师爱德华·贝奇认为，所有的生物都能发出射线，高振动的植物能提高低振动的人类的振动。他希望可以利用这种天然的方法来帮助患者治疗疾病，恢复健康。

　　苏联黑海市的几家疗养院在为患者治疗时不仅采用了药物疗法，还将他们带到大自然去接受植物的"治疗"。同样的道理，贝奇认为，草药具有提高人的振动的功能，使人的精神和身体轻松愉快。因此，他在为患者治病时，经常让草药和鲜花的振动充溢人体，让疾病在植物的振动下慢慢消散。

　　贝奇认为，凝聚了植物生命力的露珠是治疗疾病前所未有的特效药，特别是受过太阳照射的露珠。因此，他做过一个实验，分别采集了一些花朵上向阳和背阳的露珠，发现背阳的露珠药效不如向阳的露珠，因此，他推测太阳光的辐射是凝结过程的基础。于是他便挑选了一些花放入一个装着清水的玻璃钵里，放在田野里晒几个小时，发现得到的水也充满了植物的振动和能量，可以用来治疗各种疾病。这已经从很多患者那里得到了证实。

　　贝奇在研究中发现，很多普普通通的植物对治病很有帮助。如英国乡村小路和田埂旁大量生长的黄色龙牙草可以用来治疗忧郁症；蓝色的菊苣花可以治疗忧虑过度；石玫瑰配剂可以治疗极度恐惧症。

　　由于与植物长期接触，贝奇觉得自己都能感觉到植物的各种反应了。当他用手轻轻抚摸各种被测的植物时，就能感觉到它发出的振动和能量。这些植物有的会令人感到兴奋，有的则使人感到疼痛、呕吐、发热、急躁。

　　但现在，关于植物的振动和辐射还存在很多谜题，植物科学家们还在继续深入研究植物的这种放射性。希望答案能早日揭开，为人类带来福音！

植物生长与地球自转的关系

科学家们发现，植物的生长发育也会受到地球自转所形成的重力的影响。

地球自转对植物的影响有很多方面，无处不在的螺旋体便是受这种影响最明显的代表。例如，常常可以在潮湿的混交林或在河岸溪边看到的爬蔓植物啤酒花，啤酒花丛长得高高的、像一团乱麻似的，这一团团乱麻就是它的茎。这种茎有的会按逆时针方向攀住附近的灌木或乔木盘旋上去，形成左螺旋生长；有的会像绳索一样自相缠绕。一般来说，爬蔓植物大都是沿着支撑体向右盘旋上升的，只有少数向左旋，啤酒花就属于这极少数中的一种。

除爬蔓植物外，其他植物的叶子也都是按螺旋方式长在茎上的。最明显的就是芦荟。仔细观察就会发现，榆树、赤杨、柞树以及柳兰、草地矢车菊的叶子都是明显按螺旋方式排列在枝上。不只树木，大多数草的叶子排列也都是螺旋式的。正是由于这种排列方式，叶片之间才没有相互阻挡，使所有的叶片都能接受到太阳光的照射。一般来说，叶片按顺时针方向盘旋而上的植物占多数，逆时针而上的较少。通常的情况是，右旋植物的叶子右半部生长得比较快，左旋植物的叶子左半部生长得比较快。

叶子旋转的方向还会透露出植物的性别。如白杨、柳树、月桂树和大麻等植物，叶子从左向右排列的是阴性植物，从右向左排列的是阳性植物。一些针叶植物的螺旋性并不表现叶子在茎上的排列形式，而是表现在这些叶子的旋转方向上。像成对生长的松树针叶常常

是以螺旋方式旋转的，而每一对松针旋转的方向总是相同的。

人们还发现，椰子树的叶子也是按螺旋式排列的，这种排列因其在赤道南北的位置不同而不同。生长在赤道以北的椰子树叶大多数是左旋的，而生长在赤道以南的则多是右旋的。

不只植物的茎叶，植物花朵上的花瓣、植物的果实也都是按螺旋方式集聚在一起。如聚花果、向日葵的籽、松树和白杉的球果的鳞片，都是呈螺旋状聚集排列的。

科学家经过进一步深入研究后发现，对动植物机体的发育起决定性作用的脱氧核糖核酸的分子结构也是细长的双螺旋线。这就说明了为什么生物机体的整体都有螺旋状组织。

对于这些奇特的现象，科学家的解释是宇宙中的星体都在永无止境地旋转，人们看到世界上存在的那么多螺旋现象，就是这种旋转对地球生物所产生的影响。

还有科学家认为，地球的引力场和电磁场对植物的生长发育起着巨大的作用。自然界中的螺旋现象就是宇宙中万物运动的共同规律的反应。

研究植物的螺旋状态对人类有着十分重要的意义。一些科学家通过对几十种植物叶子的左右两半分别进行各种物质含量的化验，发现发育较快的那半边所含的叶绿素、维生素C和植物本身生活所必需的其他营养物都比另一边多。由此，有人分析，一些植物对人体的效用，或许就取决于叶序的方向或者叶子的旋转方向。由于这种差异，造成它们所含的药用物质或其他物质的差异。

目前对植物螺旋状态的研究还在起步阶段，远未达到令人满意的程度。许多疑团还有待人们一一解开。

花开花落
各有其时的原因

花开花落是一种十分常见的自然现象,但是为什么有的花喜欢在骄阳下绽放,有的则喜欢在夜色中盛开呢?植物开花的时间为何都不尽相同呢?

这得从植物各自不同的特性说起。一般来说,大多数植物都是在白天开花,在清晨的阳光下,花的表皮细胞内的膨胀压增大,上表皮细胞(花瓣内侧)生长得快,于是花瓣便向外弯曲,花朵盛开。而且,在阳光下,五彩缤纷的花色十分耀眼,花瓣内的芳香油也容易挥发,这样就能吸引很多昆虫前来采蜜。由于有昆虫为花儿传授花粉,花卉就能结籽,从而增强了植物繁殖后代的能力。

但是,也有很多植物选择在晚上开花,而且这些晚上开花植物的花朵大多为白色。这是什么原因呢?同白天开花的植物一样,晚上开花的植物也要吸引昆虫来

传授花粉；而五彩斑斓的颜色在夜间却并不十分明显，只有白色在夜色中的反光率最高，这样就容易被昆虫发现。因此，经过长期的演化发展，以前那些缤纷多彩的花种由于无法吸引足够的昆虫前来传授花粉，失去了繁衍后代的机会，逐渐被淘汰，而那些夜间开白色花的植物则获得了繁衍后代的机会而生存下来。

还有的植物习惯就更加有趣了，白天盛开，夜间闭合，跟人类的作息时间很相似。如睡莲、郁金香等都是在白天竞相争艳，而到了晚上却都像害羞的小姑娘似的，全躲起来了，等到第二天才继续开放。这又是什么原因呢? 原来，花儿的这种昼开夜合现象是由于温度和光线的变化引起的，晚上一般气温较低，而且光线也十分柔弱，达不到花儿绽放所需的条件，植物由此产生睡眠运动。如果把已经闭合的花移到温暖的、有光线的地方，3~5分钟后它就会重新开放。

白天开出艳丽的花朵，夜晚开出洁白的花朵。不论它们的开花时间如何，这些都是植物为适应外界的生活环境，长期以来形成的习性。

叶与花的秘密

　　每到春天，百花争艳，由此花也被誉为"春的使者"。俗话说红花还需绿叶配，可当我们置身于万紫千红的花海时，有没有发现这样一个奇妙的现象：有的鲜花是和绿叶相伴一起，有的则是鲜花独自盛开，并不见绿叶的踪影。这是什么原因呢？

　　原来，很多植物的花和叶在上一年的秋天就形成了，它们都被包裹在植物的芽里。被包在芽里的花叫"花芽"；被包在芽里的叶叫"叶芽"；花和叶都被包在芽里的叫"混合芽"。为了度过寒冷的冬天，这些芽会等到第二年的春天才开花、吐叶。植物的花、叶对环境、温度等生长条件都有各自不同的要求，只有满足了这些要求，

它们才会生长发育。如玉兰花，它的花芽生长需要比较低的温度，因此，它的花芽就会先于叶芽生长，我们就会先看到玉兰的花朵，过段时间才能看见它的叶。而苹果、橘子等果树，花芽生长时需要比较高的温度，因此，它们的叶芽先于花芽生长，我们会先看见它们的树叶，然后花儿才会绽放。还有的植物花芽和叶芽对生长条件的要求相差无几，因此，我们可以看见它们的花和叶同时现于枝头。

植物幼苗向太阳 "弯腰" 的原因

　　1880年，英国生物学家达尔文观察到一个有趣的现象：稻子、麦子等植物的幼苗在受到阳光的照射后，会向太阳所在的方向弯曲。但是如果把这些幼苗的顶端切去或者用东西遮住的话，就不会再出现这种情况了。这是什么原因呢？达尔文提出了这样的假设：在幼苗的尖端含有某种特殊的物质，受到阳光的照射后，这种特殊的物质就会跑到幼苗背光的一侧，从而引起幼苗的弯曲生长。

　　但是达尔文最终也没有弄清楚这种特殊的物质究竟是什么。他的这个发现和假设却引起了很多科学家的兴趣，很多人为了弄清这种物质，开始着手进行大量的研究。

1926年，荷兰科学家汶特经试验后发现，将燕麦幼苗的顶端切掉后，燕麦幼苗就会立即停止生长，但如果将切下来的顶端再放回原来的位置，幼苗又能重新开始生长，并向太阳的方向"弯腰"。更为神奇的是，将切下来的顶端放在琼胶上几个小时，然后把这琼胶小块放在切面上，幼苗竟能重新生长！

　　这个实验增强了人们寻找这种奇妙的"特殊物质"的信心。人们坚信在幼苗的尖端肯定存在这种"特殊物质"，而且这种物质可以转移到琼胶中去。

　　1933年，谜底终于被揭开了。化学家们从幼苗的尖端，分离出了好几种对植物的生长具有刺激作用的物质。这些奇妙的物质，被称为"植物生长素"。能够使幼苗背太阳一面的细胞分裂生长加速，使幼苗朝太阳的方向"弯腰"。

　　我国古代有一个"拔苗助长"的寓言，说一个急性子的人见他的苗不长，而急得到田里去把庄稼往上拔！其实种庄稼的人，都想庄稼快点长大。而植物生长素的发现，能不能运用到生产中去，让它为农业服务呢？

　　遗憾的是，植物中所含的天然植物生长素十分稀少，在700万棵玉米幼苗的顶端，总共只含有1‰克的植物生长素！

地下森林形成之谜

地下森林，光听名字就很神秘，什么是地下森林呢？其实地下森林就是指生长在火山口里面的森林，只有在火山口才能看见它们，外面一般是看不见的，就好像森林长在地底下一样。

在我国黑龙江省宁安县境内的张广才岭上，有一个著名的地下森林，位于海拔1 000多米处。这个地下森林颇为壮观，在7个死火山口内，由东北向西南延伸，长达20千米，宽达4千米，面积达6万公顷。

有人实地调查了这7个火山口，最大的上口直径有500米，下口直径300米，深100多米；最小的则像一口井，山口直径20多米，深60多米。人们发现这里形成了一个理想的天然生态系统，几乎成了植物的"世外桃源"。因为这一带气候条件十分优越，年平均气温4℃，年降水量600~800毫米，土壤湿润肥沃，十分有利于植物的生长。这里生长着各种各样的植物，多达百余种，如东北著名的树木红松、鱼鳞松，珍稀的黄檗、紫椴、水曲柳等，胡桃楸和蒙古栎也选择在此安家。还有很多著名的草药也生长于此，如人参、五味子等。这里还是很多野生动物的天堂，如野猪、马鹿、金钱豹等。林间的树木还有免费的"医生"——啄木鸟、杜鹃等为它们捉虫除害呢！

这个神奇的地下森林是如何形成的呢？据专家推断，在一万年前，这一带有大量的活火山，经常会喷出大量岩浆，等到岩浆冷却以后，就变成了七个大的深洞。经过长时间的风吹雨打，岩层逐渐风化剥蚀，形成土壤，加上动植物、微生物等的活动，土层越来越厚。靠动物或风力的传播，大量种子在此生根发芽，由此形成了如今的地下森林。另外，复杂的地形使这些植被极少受到外界的破坏，也是它们得以保存至今的一个重要原因。

植物会发光的原因

在夏天，我们经常可以在树林里、草丛中看见星星点点的萤火虫飞来飞去，将宁静的夏夜装点得格外美丽。但是，不只萤火虫等动物，还有很多神奇的植物也会发光。

在我国江苏丹徒县，人们发现了几株会发光的柳树。这些田边腐朽的树桩在白天丝毫不引人注目，但一到夜晚，它们却闪烁着浅蓝色的荧光，就算狂风暴雨、酷暑严寒，这种神秘的荧光也不会消失。

这些普普通通的柳树为什么会发光呢？当地众说纷纭。经过研究，人们终于揭开了谜底。原来，柳树并不会发光，那些发光体只是一种寄生在它们身上的真菌，即假蜜环菌。人们给这种会发光的菌取名为"亮菌"，"亮菌"在苏、浙、皖一带分布十分普遍。它们靠吮吸植物的养料生存，其白色菌丝体长得像棉絮一样，能闪闪发光。在白天，人们是看不见这种光的，只有到了夜晚才会显现出来。其实，一千多年前的古书中就已经记载过朽木发光的现象。如药房里常见的"亮菌片""亮菌合剂"就是这种发光菌制成的药，对胆囊炎、肝炎具有相当好的疗效。

海员们有时会在漆黑的夜晚看到海面上的海火，它是一片乳白色或蓝绿色的令人目眩的闪光。深海潜水员偶尔也会在海底遇见像天上繁星般的迷人闪光。其实，这些都是海洋中某些藻类植物、细菌及小动物成群结队发出的生物光。

1900年巴黎国际博览会上，据说发生了一个有趣的小插曲。光学馆有一间特殊的展览室，那儿没有一盏灯，但整个房间却明亮悦目。原来，光线是从一个个装着发光细菌的玻璃瓶中发出的。这种奇思妙想真是令人惊叹。

植物为什么会发光呢？研究发现，植物体内含有一种特殊的发光物质，即荧光素和荧光酶。在进行生物氧化的生命活动过程中，荧光素在酶的作用下氧化，同时释放出能量，这种能量就会以我们平常见到的生物光的形式表现出来。

我们平常用的白炽灯泡，有95%能变成热量消耗掉，很可惜只有极少量的能变成光。生物光属于"冷光"，有95%的能量转变成光，发光效率很高。而且生物光的光色柔和、舒适，希望我们能模拟生物发光的原理，为人类制造出更多新的高效光源。

路灯旁的树木掉叶晚的原因

　　秋季是万物凋零的季节，植物都会在这个时候落叶。可如果仔细观察，你就会发现一个奇怪的现象：同一种树木，在路灯旁的总是比其他地方的树木掉叶晚。这是为什么呢？

　　我们都知道，温带的多年生木本植物在秋季落叶以后，个体的生长发育便会暂停，进入休眠阶段。树木为什么会落叶呢？我们通常认为是植物为了抵御严寒的侵袭而采取的自我保护措施。其实，并不仅仅如此，还有日照时间的影响。秋季日照时间逐渐缩短，预示严寒的冬天即将来临，叶片感受到这个信号后，便会产生一系列的生理反应，将信息传递给植物。这时植物就会将营养物质转移到根、茎和芽中贮藏起来；将枝条和越冬芽中的淀粉转变成糖和脂肪；使组织含水量下降；减少生长激素，逐渐增加脱落酸和乙烯，使植物体的代谢活动大大降低，最后出现落叶休眠现象。

　　明白了这个道理，路灯旁的树木掉叶比其他地方晚的原因也就不难理解了。在日落后，路灯会继续照射到旁边的树木，使树木接收到错误的信号，这样植物就无法进入休眠阶段，叶片会继续因蒸腾作用而失水，这对植物的生长是极其不利的。冬季甚至会因植物根系吸水困难而引发枝条枯萎，最终导致植株死亡。

水生植物不腐之谜

大家都知道，水是生命的源泉，无论哪种植物都离不开水，否则就会有死亡的危险。不过不同的植物由于具有不同的生活习性，所需水分的多少也是不一样的。像棉花、大豆、玉米等农作物就十分不耐涝，大雨过后，如果不及时排除囤积的水，这些作物就会被淹死。时间一长，整个植株就会腐烂。但却从来没人见过被淹死的荷花，它们身体的大部分都长期浸泡在水里，为什么不会腐烂呢？还有金鱼藻、浮萍等水生植物，全身都浸泡在水里，为什么它们也没事呢？

这得从植物根的性能说起。一般植物的根，是用来吸收土壤中的水分和养料的。只有足够的空气，根才能正常地发育。在水中，植物的根得不到足够的空气，无法吸收养分，就会停止生长，最后导致整株植物死亡。

由于受到环境的影响，水生植物的根与一般植物的根不同。为适应水中的生活，它们的根都练就了一种特殊的本领——吸收水里的氧气，以确保根即使在氧气较少的情况下也能正常呼吸。

那么，水生植物是如何吸收溶解在水里的氧气的呢？水生植物的根部皮层是一层半透明性的薄膜，它可以使溶解在水里的少量氧气透过它而扩散到根里去。而且根表皮还具有上下联通的细胞间隙，形成了一个空气的传导系统。另外，水生植物的渗透力也特别强，氧气能够渗透到根里去，再通过细胞间隙供根充分呼吸。

有些水生植物的身体构造更加特殊，如深埋在池塘中的莲藕。大家都知道藕里有许多大小不等的孔，这些孔有什么作用呢？原来，在泥泞的池塘里，空气极不流通，莲藕上的孔就发挥了重要作用。这种孔与叶柄的孔是相通的，同时在叶内有许多间隙，与叶的气孔相通。污泥中的藕就是通过这种相连通的气孔来呼吸叶面上的新鲜空气。

菱角的根也生长在水底的污泥里，因此，它的结构也很特殊。它有很大的气囊，气囊是由叶柄膨胀而形成的，能贮藏大量空气，供根呼吸。还有槐叶萍等水生植物，它们有很多由叶变态形成的根，发挥根的作用。

另外，水生植物的茎表皮也具有呼吸新鲜空气的功能，而且水生植物没有一般植物表面那些防止水分蒸发的角质层。皮层细胞所含的叶绿素也有进行光合作用的功能。

水生植物正是由于具有这些特殊的构造，才能在水里正常呼吸。因此，即使长期浸泡在水里，水生植物也不会出现腐烂现象。

灵芝与仙草

关于灵芝，我国古代有许多神话传说。据说白娘子就是从天上偷得仙草灵芝使许仙起死回生的。灵芝真是这样的一种"灵丹妙药"吗？

根据古书记载，大约在2 000多年前，我国劳动人民就发现了灵芝，《神农本草经》上把灵芝分为赤芝、黑芝、青芝、白芝、黄芝、紫芝等六种。晋代化学家葛洪所著的《抱朴子》一书中把灵芝分为石芝、木芝、草芝、肉芝、菌芝等五大类，每类又各分120种。明代药物学家李时珍所著的《本草纲目》，也对灵芝的性状和用途作了记载。其实，现代科学已经鉴定出来，从前所说的各种灵芝，大部分都属于真菌的担子菌类低等植物，还有少数是矿物。

从分类学的角度来看，主要有灵芝和紫芝两种。灵芝又叫赤芝、红芝、本灵芝、菌灵芝、万年蕈、灵芝草等；紫芝又叫黑芝、玄芝等。它们跟蘑菇一样，本体都是菌丝，"灵芝"就是菌丝所形成的子实体，是用来产生"孢子"进行繁殖的。灵芝寄生在活着的或死亡的有机体上，靠着吸收这些现成的营养来生活。因为它们没有叶绿素，不能利用二氧化碳和水在阳光下进行光合作用，无法自我供给。

　　据化学分析和药理试验发现，灵芝具有一定的药效。它有滋补、健脑、强壮、消炎、利尿、益胃的功效。对神经衰弱、头昏失眠、慢性肝炎、肾盂肾炎、支气管哮喘以及积年胃病等病症，均有不同程度的疗效。

　　灵芝的形状奇特，像一把伞，但它的菌伞呈肾形，菌柄着生在菌伞的一旁。而有些在特殊环境下生长的灵芝还具有奇妙的分枝和美丽的色彩。灵芝还含有大量的角质，质地坚硬，经久不腐，因此常被用来观赏。

　　尽管灵芝具有一定的药用价值和观赏价值，但灵芝也并不十分稀奇，在我国很多地方都可以采集到。它也绝不是什么仙草，更不是什么能起死回生的灵丹妙药。现代科学已经将灵芝身上那层迷信的东西剔除掉了。现在，许多地方将灵芝引种驯化，成功进行了人工栽培。还有人在发酵罐中用发酵法生产灵芝菌丝体，效果也不错。

防火树防火之谜

　　森林是地球的氧气工厂，置身其中总是会让人感觉神清气爽。不仅如此，树木还具有绿化、美化和净化环境等功能。但是树木还有一个我们大家不为所知的功能——防火。

　　日本位于环太平洋火山地震带，是个地震、火灾频发的国家，历史上曾经发生过关东地震大火灾、静冈火灾、酒田火灾等十大火灾。而城市的树木曾经一再有效地阻挡了火势的蔓延，减少了人民生命财产的损失。

　　1979年，日本为验证树木是否具有防火性能，做了一个实验：设置四座长20米的木屋，排成2列，并在四座木屋间的空地上，一段种上常绿的珊瑚树，另一段不植树，然后将前列的木屋点火燃烧。结果，没有植树一段的后屋，不到10分钟即因受前屋的辐射热而起火，而有植树一段的后屋则完好无损。

　　实验证明，树木确实具有防火功能。为什么树木能防火呢？树木可以像一道防火墙，能有效阻挡火源发出的辐射热，不让辐射热点燃周围的物体。更重要的是，树木本身具有防火性能。活的树木体内含有很多水分，通常可达40%～70%；树皮还有一层紧密的木栓层保护；树叶和树干具有蒸腾作用，树木可以依靠蒸腾散热和辐射散热的功能，迅速排除体内积热，降低体温，从而使自己具有很强的耐火性。据有关资料显示，当树木对辐射热的承受限度为10 000千卡/平方米时，比干燥木材大1倍，比人体大5倍，即使着火也会随时熄灭，很少会全棵树烧光。

　　树木的耐热性和隔热性能因树种、树形、树皮以及叶片密度等情况而异。例如，树形较均匀一致的珊瑚树，可阻挡辐射热量的83%～93%；白榄树单株可阻挡热量36%，三棵并列种植则可阻挡热量90%以上。还有树形、树叶密度比较一致的桧树，种植一株可以阻挡90%的辐射热通过，三株并列种植则可阻挡95%以上的辐射热通过，它的隔热作用可与隔火墙相媲美。

　　各种树木的耐热性能和隔热性能不同，人们把具有较强耐热性能和隔热性能的树种，称为"防火树"。

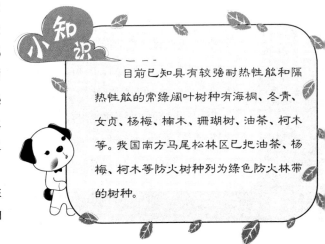

小知识

目前已知具有较强耐热性能和隔热性能的常绿阔叶树种有海桐、冬青、女贞、杨梅、楠木、珊瑚树、油茶、柯木等。我国南方马尾松林区已把油茶、杨梅、柯木等防火树种列为绿色防火林带的树种。

植物气象员

　　我们知道很多动物都有洞察天气变化的本领，其实，很多植物也能像气象台一样预报天气，而且还相当准确。

　　在澳大利亚和新西兰就生长着这样一种奇特的花。这种花对空气湿度十分敏感，快下雨时，湿度常常会增大，它的花瓣就会萎缩，将花蕊包裹起来。天晴时，空气湿度减小，它就会将花瓣重新张开。人们根据它的这种特性，给它起了一个形象的名字——"报雨花"。农民伯伯们常根据它花瓣的张合来判断天气情况。

　　在我国广西忻城县，生长着一种青冈树，和报雨花相似，也能预报天气。青冈树的叶子颜色会随天气的变化而变化。在晴天，树叶是深绿色；即将下雨的时候，树叶颜色变红；雨后，叶子颜色又会恢复到原来的深绿色。当地人们称这种树为"气象树"。

　　为什么气象树能预报天气呢？原来气象树之所以会对气候条件反应这么敏感，是因为植物叶片中所含的叶绿素和花青素的作用。当天气发生变化时，叶绿素和花青素的比值就会跟着发生变化。如在正常气候条件下，叶片呈现深绿色，是因为叶片中叶绿素含量占优势。即将下雨前，树叶会由绿变红，是因为叶绿素的合成受到了抑制，而花青素的合成却加快了，这时叶片中的花青素就占了优势。根据经验，当树叶变红后一两天之内就会下大雨。雨过天晴，树叶又会恢复深绿色。

百岁兰叶子百年不凋之谜

百岁兰是生长在西南非洲近海沙漠地带的一种珍稀植物，十分耐旱，当地居民称它"通波亚"。百岁兰的外貌十分奇特，虽然它是一棵茎、叶、花和种子俱全的树，但怎么看它都不像是树，因为它出奇的矮。百岁兰茎的直径在1米以上，茎的长度却不到20厘米。远看像是被砍伐后的残桩，近看像两片被翻开的"厚嘴唇"。在"嘴唇"的外缘，各生一片阔带形的叶子，老树的叶子常常撕裂成好几条，好像很多叶片，厚嘴唇的边上就结着花和种子。

在百岁兰生长的非洲西南部的纳米布荒漠里，十分干旱，一年的雨量只有十几毫米，有时终年一滴水都没有，但百岁兰却可以在此存活几百年甚至上千年，而且它的那两片叶子似乎永远都不会凋零，因此，百岁兰又叫"二叶树"或"百岁叶"。

植物的叶子长到一定程度就会停止生长，然后衰老、枯萎、脱落。一些常绿树的叶子也是随着枝条的生长而不断长出新叶。新陈代谢是自然界的普遍规律，但这个规律似乎对百岁兰不起作用，百岁兰终生只长两片叶子，历经百年都不脱落，而且从不显老态。那么，百岁兰仅有两片叶子却始终不凋的秘密是什么呢？

原来，百岁兰叶子含有的一种细胞具有分生能力，这种细胞位于叶子基部的生长带。分生细胞会不断地产生新的叶片组织，使叶片不停地长大，而叶子前端老化了的部分则会逐渐消失。消失的部分很快就会由新生的部分替补上，给人们造成一种叶子不会衰老的假象。其实真正不会衰老的只是它的分生细胞。另外，百岁兰的叶子里还有一些能吸收空气中水分的吸水组织。

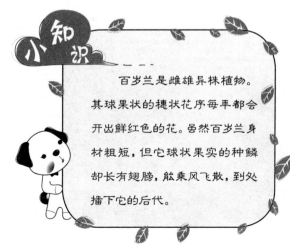

小知识

百岁兰是雌雄异株植物。其球果状的穗状花序每年都会开出鲜红色的花。虽然百岁兰身材粗短，但它球状果实的种鳞却长有翅膀，能乘风飞散，到处播下它的后代。

植物追踪太阳之谜

　　向日葵名字的由来就是因为其总是追逐着太阳的方向。其实不只向日葵，很多花儿都会向着太阳生长，向日葵只是一个典型的代表罢了。但它们为什么会追踪太阳呢？植物学家为了解开这个谜团，进行大量的研究后发现，这是由于它们受到体内生长激素的控制。

　　在北极，大部分植物都擅长追逐太阳。这是因为北极气候寒冷，花儿为了吸引昆虫前来传粉，使子孙后代繁衍不息，只能向阳聚集热量，以形成一个昆虫喜爱的温暖场所。

　　在研究植物向阳生长特性的时候，有个令人困惑的问题一直无人能解释：人们发现许多向阳植物在接受不到光照的地下部分，也能对光作出反应。最近科学家们才解开这个谜题，原来植物的身体能像导光纤维一样把照射到地面的阳光传递到身体的其他部分。

　　在追踪太阳的植物中，缠绕植物可能是最有趣的了。如牵牛花，它盘绕在竹竿上的细茎全部沿逆时针方向右旋着朝上攀爬。而另一种缠绕植物蛇麻藤则与它相反，以顺时针方向左旋着向上生长。不过它们为什么会这样生长，目前还没有一个令人信服的答案。

　　近日，一位科学家提出了一个有趣的假设。他推断这类缠绕植物的祖先，分别生长在南北半球，植物茎为了跟踪东升西落的太阳，逐渐形成了各自不同方向的旋转，如果这种说法成立，那么，起源于赤道附近的缠绕植物，是不是左右旋转都可以呢？后来，人们真的在阿根廷靠近赤道的地区发现了左右旋转都可以的中性植物。看来，这个假设已经逐渐被事实证实了。

植物也要睡觉

我们人类一生中1/3的时间都是在睡眠中度过的，很多动物也都会冬眠。那么，植物是不是也会睡觉呢？这是一个有趣的问题。

如果细心观察，你就会发现，植物在夜晚会发生一些奇妙的变化。如公园中常见的合欢树，它那许多的小羽片在白天舒展而平缓，可一到夜晚这些小羽片就像害羞的含羞草叶子一样成对地合拢关闭了。其实这就是植物睡眠的典型现象。

花生的叶子从傍晚开始就会慢慢关闭，它也开始了它的睡眠。还有醉浆草、白屈菜、含羞草、羊角豆等植物都存在睡眠现象。

不只植物的叶片，植物的花朵也会睡觉。这些花儿的睡眠时间长短不一，太阳花的睡眠时间较长，上午10点钟醒来后绽放出缤纷的花朵，中午一过便又闭合起来睡眠了。但一到阴天，它却直到傍晚才进入"梦乡"。

还有些花儿昼夜颠倒，白天睡大觉，夜晚时分醒来。如紫茉莉下午5时左右开花，到第二天拂晓时花就闭合起来开始睡眠了。还有一些昼闭夜开的花，如月光花、待宵草、夜开花等。番红花就更奇特了，在早春开花的时候，一天之中会睡好几次。

植物的叶子、花儿这种昼开夜合或夜开昼闭的现象叫作"睡眠运动"。它不仅是一种有趣的现象，而且还是一个科学之谜。科学家们最关心的问题是，植物的睡眠运动会对植物产生什么影响呢？

原来，植物的睡眠是在长期的进化过程中对环境的一种适应。由于白天和黑夜的光线明暗差异明显、气温高低悬殊、空气湿度大小不同，为了适应这些变化，植物就形成了保护自己的睡眠运动。

植物都有各自不同的睡姿。如蒲公英睡觉时就像一把黄色的鸡毛帚，所有的花瓣都会向上竖起来闭合；胡萝卜则像正在打瞌睡的小老头。

植物也有语言

植物也有语言吗？20世纪70年代，澳大利亚的一位科学家发现了这样一个现象：植物在遭到严重干旱时，会发出"咔嗒、咔嗒"的声音。通过进一步测量，他发现，这种声音是由微小的"输水管震动"产生的。但科学家还无法解释，这声音是出于偶然，还是由于植物渴望喝水而有意发出的。如果是后者，则意味着植物也有能表示自己意愿的语言能力。那就太令人惊讶了！

不久之后，英国一位名叫米切尔的科学家，为了证明这个推测，将微型话筒放在植物茎部，倾听它是否能发出声音。经过长期测听，他虽然没有得出结论，但科学家们对植物"语言"的研究，仍然热情高涨。

1980年，美国科学家金斯勒，为监听植物生长时发出的电信号，将一台遥感装置置于一个干旱的峡谷。结果发现，植物在进行光合作用时会发出一种电信号，只要将这些信号破译出来，人类就能了解植物生长的秘密了。

金斯勒的这一发现引起了许多科学家的兴趣。但同时，他们又怀疑这些电信号真的是植物的语言吗？它们能准确完整地表达植物生长的情况吗？

最近，来自英国和日本的科学家罗德和岩尾宪三，设计出一台别具一格的"植物活性翻译机"，以便能更彻底地了解植物语言的奥秘，这种机器只要接上放大器和合成器，就能够直接听到植物的声音。

这两位科学家说，植物的"语言"常常随着环境的变化而改变。如在黑暗中突然受到强光的刺激，有的植物能发出类似惊讶的声音；有的植物在缺水时会发出饥渴的声音；还有的声音像悲鸣的口笛；有的像患者临终前的喘息声……各种各样，真是很奇妙。

罗德和岩尾宪三预测说，这种奇妙的机器，或许不仅可以运用到农业生产中，在不久的将来说不定还能充当植物翻译家，实现人与植物的"对话"呢！当然，这仅仅是一种美好的设想。不过随着科学的发展，我们期待这个美好的愿景能早日实现。

分批收获的蓖麻

植物的生长成熟都有一定的规律。但是，很多植物就很特立独行，比如同一株上的果实或种子的成熟期却有先有后，并不一致。蓖麻就是这样一种植物。

蓖麻种子的成熟期很不一致。为什么会出现这种情况呢？原来，在蓖麻的生长过程中，总状花序总是最先发生在主茎顶端，主茎抽出第一条分枝后，在分枝上才会再发生2~3个侧总状花序，分枝上又抽出第二次分枝，再发生侧总状花序。就这

样，依此类推。由于各枝分生总状花序的时间不同，它们果实成熟的先后顺序也不一样，总是总状花序的主茎的果实先成熟，再是各分枝。总的来说，一株蓖麻要完全成熟，前后需要两个多月的时间。

正是如此，蓖麻的果实必须分批收获。在果实呈现黄褐色、凹进部分具有明显裂痕时，就应及时采收。否则果实会自行裂开，造成裂果落粒损失。收集的果实应在充分干燥后，进行搓擦拍击，脱粒清选。

蓖麻主茎果穗上的种子比分枝上的好，所以要单收单藏，留作下次播种用。

碧桃只开花
不结果之谜

桃树不仅会结出美味的果实,美丽的桃花更是深受人们喜爱。有很多公园都将桃花作为观赏品种进行栽植,每年春天一到,公园里游人如织。但是也有这样一种特别的桃树,它只会开出娇艳的花儿,却不结实。

　　杭州西湖的苏堤和白堤两岸，柳树和桃树是西湖的主要风景之一。这里的桃树就是只开桃花，不结桃子，它们叫"碧桃"，是专供观赏用的。每逢夏末秋初，它们的枝头上依然只有满树浓绿的叶子，而果园里的桃树早就果实累累了。

　　原来碧桃的花和其他桃树的花不一样，它的花被叫作"重瓣花"。因为它的花不像结果实的桃树的花，每朵花上只有5个花瓣。碧桃的每朵花有7~8个花瓣，有的甚至达到十几个花瓣。重瓣花里只有雄蕊，没有雌蕊，或者雌蕊已经退化成一个小突兀，所以不能受精。这就是它们只开花不结果的原因。

"不死"的洋葱

有这样一句歇后语:"屋檐下的洋葱头——皮焦肉烂心不死。"的确,我们日常生活中最常见的洋葱,具有十分顽强的生命力。

在剥洋葱的时候我们就会发现,洋葱的构造很奇特,它穿了很多层"衣服",而且一层紧挨一层。为什么它要穿这么多"衣服"呢?

原来,洋葱的故乡在又旱又热的沙漠。沙漠里降水十分稀少,有时甚至终年没有一滴水。在这个水比黄金还宝贵的地方,很多植物为了生存,都想尽方法来保持自身水分,避免水分蒸发。洋葱也是这样,为了保住自己体内那点水分和营养物质,就用一层层的鳞片将自己紧紧包裹起来,这样,水分就没那么容易从身体蒸发了。

现在,在人们的田园里,洋葱已经有足够的水可以喝了,但它却依然秉性难改。

洋葱头保存水分和营养物质的能力十分惊人,一年之内都不会干枯,即使将它贮藏在热的炉灶旁边也是一样。这都要归功于它那一层又一层的"衣服"——鳞片。

因此,人们将贮藏了一年的洋葱头拿出来种植,它还能照样生根发芽。不过,干透了的洋葱也是不能发芽的。

食用发芽土豆
会中毒的原因

　　土豆又叫马铃薯。马铃薯原产于热带美洲的山地，现广泛种植于全球温带地区。别看马铃薯不起眼，但却含有丰富的B族维生素，不仅能延缓人体衰老，而且富含膳食纤维和蔗糖，有助于防治消化道癌症和控制血液中胆固醇的含量。而且它只含有0.1%的脂肪，更是减肥者的首选。

　　大家知道，食用发芽马铃薯会中毒，这是为什么呢？原来，土豆在贮藏期间，如果温度较高，土豆顶芽和腋芽就容易萌发。在发芽的地方会产生一种生物催化剂——酶。酶在促进物质转化的过程中会产生一种叫作"龙葵精"的毒素。它是一种弱碱性的生物碱，溶于水，具有腐蚀性和溶血性，会使人出现恶心、呕吐、头晕和腹泻等中毒症状，严重时还会造成心脏和呼吸器官的麻痹，甚至危及生命。

怎样避免吃到发芽土豆而中毒呢？在土豆芽还较小的时候，将土豆顶部切除，这时还有一部分残留的毒素，可以将土豆在水中多泡一会儿，煮的时候时间稍长一点，使残余的毒素被破坏掉，这样，土豆还是能吃的。但是，如果土豆的芽长得太大，毒素已经扩散到整个块茎，就不能吃了。发芽的土豆一定要扔掉，千万不要觉得可惜，也不要用其来喂家畜，否则会引起中毒。

那么，如何防止土豆发芽呢？其实很简单，只要将土豆贮藏在黑暗阴凉的地方就可以了。另外，刚收获的土豆一般都有2～3月的休眠期，在休眠期内，土豆是不会发芽的。

小知识

我们经常能看见发绿的土豆，虽然发绿的土豆没有毒，味道却不是很好。为了防止土豆发绿，在土豆生长期间就要注意培土，以免它裸露于地面。

树干呈圆柱形的原因

　　树木品种繁多，形态各异。但所有的树木都有一个共同点：树干都是圆的。为什么树干不似树冠、树叶、果实的形状那般千变万化呢？

　　从几何知识的角度可以这样解释：相等周长的形状，圆的面积比其他任何形状的面积都大。圆形树干中导管和筛管的分布数量比非圆形树干的多，这样，圆形树干输送水分和养料的能力就更强，更有利于树木生长。

　　另外，圆柱形的容积也最大，具有最大的支持力。挂满果实的果树必须要有强有力的树干支撑，这样才能维持高大的树冠的重量，圆柱形无疑最能满足这些条件。

　　外来的伤害也常常会对树木造成破坏，树木输送营养物质的通道皮层一旦中断，树木就会死亡。而树木的一生又难免会遭到如动物咬伤、机械损伤、自然灾害等灾难的袭击。圆柱形能有效防止和减轻这些伤害。狂风暴雨来袭时，都会沿着圆面的切线方向掠过，这样树木就只会受到一小部分影响。如果树干是方形、扁形或其他棱角形，就极易受到外界伤害，所以，圆柱形的树干是最理想的形状。

海拔越高植物越少的原因

植物的生存范围十分广阔，在地球上，由水里到陆地，直到高达5 000多米的山峰，它们的身影无处不在。植物分布也有一定的规律：海拔越高，植物的种类也就越少。海拔3 000米以下，植物种类最多；海拔3 000米以上，主要是些小灌木及草本植物；4 000米以上，种类就很少了；5 000米以上，只有极少数耐寒植物能够生长。

什么植物最能攀爬高山呢？在我国新疆境内海拔高达4 000米的托木尔峰，有一种美丽的雪莲花就生长在这高处的岩石峭壁中。土耳其斯坦报春花和鼠面风毛菊也能在此存活。还有一种大王凤梨，它生

长在秘鲁境内的安第斯山近4 000米的高处,据说它每隔150年才开一次花,花穗长达5米。菊科植物分布也很广,在4 200米的高山上还能见到它们的身影,曾经就有人在西藏高原5 800米处,发现过三指风毛菊。当然,要说显花植物在地球上的登高冠军,恐怕非偃卧繁缕莫属了,它生长在喜马拉雅山6 139.65米的高处。

为什么海拔越高,植物就越少呢?我们都知道,海拔高度每上升100米,温度就要降低0.5℃,因此,海拔越高,温度就越低。一般植物是无法在冰天雪地、空气稀薄的环境里生存的,而能在高海拔地区生存下来的植物都特别耐寒。

草原上很少见到乔木的原因

　　辽阔的大草原一望无际，处处是"风吹草低见牛羊"的美景。可是，你是否注意到，草原上除了草本植物和灌木丛外，几乎看不到乔木，这是为什么呢?

　　人们经过长期的科学考察发现，原来草原上的泥土层只有20厘米左右，再往下就是坚硬的岩石层了。即使是茂盛的灌木丛下，土层的厚度也不超过50厘米。草本植物的根须会侧面生长，而灌木的根一般都不太长，所以它们能在草原上生存。但是乔木十分高大，树根也是笔直向下长，树大根深，那浅浅的土层当然也就满足不了乔木根的生长需要了。那些勉强在此生长的树木，也是经不起风吹雨打的。

　　草原上降水丰富，但由于土层浅薄，因此，土层的含水量并不多。而且草原上水分蒸发得相当快，土层中的水分容易散失。而树木的生长，不但需要一定深度的土层使根系扎牢以吸收土壤中丰富的水分和养料，还需要有足够的水分。这两个条件草原都不具备，自然也就很难在草原上看见乔木的身影。

掌状分裂的植物叶子

植物种类繁多，它们的叶子也是形形色色，千姿百态。叶子的形状有圆形、卵圆形、椭圆形，也有披针形、匙形、镰刀形、提琴形等。叶子的边缘，有的光滑，有的像波浪，有的像锯齿。这都得感谢大自然这位能工巧匠。

仔细观察就会发现，很多树叶都呈深浅不一的掌状分裂，有的出现浅裂、深裂或全裂。像棕榈、蓖麻等，叶的边缘处都有明显的分裂，从而使整片树叶出现许多缺刻。

为什么植物的叶片会呈这种掌状分裂呢？我们都知道树叶是植物进行光合作用、制造养分的主要器官，阳光是光合作用过程中的一个必要条件。植物扁平的结构能加大表面吸收光能，为了最大量地吸收光能，植物的叶片在长期的演化过程中形成了掌状分裂的形状。分裂留下的缺刻也不会完全阻挡下面的叶子接受光照，因而能保证光合作用的充分进行。

另外，这些分裂缺刻在遇到大风时，能使叶片不易被吹折，大大减少了强风的危害。植物的叶子就是经过这样长期的自然选择，出现了掌状分裂。

大树下比较
凉爽的原因

　　烈日炎炎的夏日，人们都十分喜欢到大树下乘凉，因为大树树阴下的温度要比暴晒在太阳下的温度低得多，这是为什么呢？

　　在夏季，为了降温，我们通常会在路边或屋顶洒水，阵雨过后，也会感到凉爽得多。从物理学角度解释，是因为液体在蒸发成气体时会吸收大量热量。这样，随着水分的蒸发，大量热量也被带走，自然就会凉快很多。

　　大树下比较阴凉也是这个原理。树叶为生产养料在阳光下不断进行光合作用，为了防止阳光的暴晒导致树叶温度无限制升高，叶子会将从根部吸收的水分不断蒸发出去，以达到降温的目的。这样，随着树叶水分的散发，也带走了大量的热量。据测定，一株10米高的大梨树，在夏季一天能蒸发273千克水分，如此多的水分蒸发，带走的热量该有多少啊！

　　正因为如此，树阴下的温度要比周围低很多。在大树下乘凉也是我们夏季消暑的好选择。

红色的嫩芽、新叶

春季万物苏醒，花草树木都在这时开始发芽抽枝，嫩绿的新叶鲜翠欲滴，十分可爱。可如果你仔细观察就会发现，这些嫩芽、新叶并不全是绿色的，还有红色、紫色等相间其中。

大家知道，千变万化的植物色彩，是由它们体内含有的色素决定的。植物体内都含叶绿素，所以一般植物都是绿色的。但叶绿素是植物生长到一定阶段才产生的。在嫩芽、新叶萌动的阶段，它们是依靠植物体内其他部分供应养料的，叶绿素产生以后，植物能够自己制造养料了，才不需要其他部分供应养料。叶绿素产生早的植物，嫩芽、新叶就绿得快；叶绿素产生迟的植物，嫩芽、新叶就绿得迟。

植物体内含有一种叫花青素的物质，各种花果的美丽颜色就是它的作用。在植物枝芽叶绿素产生之前，这种物质把嫩芽、新叶染成红色、紫色，直到枝芽的叶绿素大量产生，草木才呈现出一片葱绿。

红叶的形成

秋季万物凋谢，树叶都会变黄，然后随着秋风到处飘零。但是也有一些树木不是变成黄色，而是变成猩红色，如枫树、乌桕、黄栌、槭树等。人们称这种猩红色的树叶为"红叶"。

红叶自古就是文人墨客们的最爱，现在我们在很多名作中都能看到红叶的身影。"霜叶红于二月花""乌桕犹争夕照红"……这些都是我们所熟知的诗句。现在，北京的香山公园就以红叶著称，每年秋高气爽的时节，漫山遍野的红叶吸引了大量的游客前去观赏。

那么，这些美丽的红叶是如何形成的呢？植物中含有大量叶绿素，而且在夏季的时候叶绿素颜色较深，因此，植物树叶在平时一般呈现绿色。但植物中还有一些叶黄素、胡萝卜素等。当秋季来临，叶绿素由于寒冷的侵袭遭到破坏，

最后逐渐消失。这时树叶中的叶黄素、胡萝卜素就显现出来了，秋天的黄叶就是这样产生的。红叶的形成则是因为叶子在凋落前受到强光、低温、干旱的影响，叶内就会产生大量的红色花青素，致使树叶变红。据统计，约有几千种树木的叶子能够变红。

枫叶之国

枫树是加拿大的国树，枫叶是加拿大民族的象征。加拿大国旗的中间就是一片红色的枫叶，代表了勤劳勇敢的加拿大人民。每到秋天，加拿大境内漫山遍野都是红色，仿佛一片红色的海洋，蔚为壮观。加拿大因此有"枫叶之国"的美誉。

花儿会散发香气的原因

春天百花盛开，万紫千红，阵阵花香扑面而来，令人心旷神怡。可是，花儿为什么会散发出这些迷人的香气？它们的香味从何而来？

让我们先来了解一下花瓣的结构吧。花瓣分为表皮、薄壁和维管组织三部分。薄壁组织中有许多油细胞，这些油细胞能分泌出有香气的芳香油，我们闻到的香气就是这些芳香油在空气中挥发扩散的结果。

　　但是也有一些花瓣里并不含油细胞，而是在细胞新陈代谢的过程中不断地产生芳香油。还有一些花瓣细胞里有一种特殊物质配糖体，它本身没有香味，不过当它经过酵素分解的时候也能够散发出芳香的气味。有的花香气浓烈，有的花清新淡雅，就是因为不同的花儿分泌芳香油和分解配糖体的能力不同。

　　花的颜色、开花时间、气候也能影响花香的浓淡。一般来说，颜色越浅的花，香味越浓；颜色越深的花，香味越淡。白、黄、红三种颜色的花香气最浓，其中白花可谓"香花之最"。热带地区因阳光直射，所以花香大多浓烈；寒带地区受到斜射的阳光，所以花香大多淡雅。

　　像向日葵这样的花在阳光照耀下香味更浓，而夜来香和栀子花则在阴雨天或晚上才散发出浓烈的香气，为什么会有这样的差别呢？这都是它们适应环境的结果。它们利用香气将昆虫吸引过来，为它们传播花粉，以达到结籽、繁衍后代的目的。

高山地区花儿
颜色鲜艳的原因

电影《冰山上的来客》有一首著名的插曲——《花儿为什么这样红》，传唱至今，同时它也为植物学家提出了一个问题。

高山、高原地区气候比较寒冷，自然条件恶劣，但是生长在这里的植物并不是人们想象中的那么黯淡。与此相反，在我国云南、四川、西藏等地的高原地带，漫山遍野开着颜色艳丽的花朵。

为什么高山地区植物花朵的颜色特别鲜艳呢？植物学家们对此意见不一。大部分植物学家认为，这是高山地区植物对环境适应的结果。高山上强烈的紫外线对花朵细胞中的染色体造成破坏，阻碍核苷酸的形成。为了应对这种情况，高山植物就在体内产生出能吸收大量紫外线的类胡萝卜素和花青素，以减轻受害程度。类胡萝卜素是包含红色、橙色和黄色在内的一个大色素类群，而花青素可以使花儿呈现出橙、粉、红、紫、蓝等多种颜色。正是这两类色素使花儿的颜色变得丰富多彩。

还有些持不同意见的植物学家，他们认为，色素的增多与高山的气候条件有关。高寒地带昼夜温差可达10℃以上。白天，温度高时，花儿进行充分的光合作用，合成的碳水化合物就多；夜间，温度降低了，白天合成的碳水化合物一部分被呼吸作用消耗掉，其余部分被用来合成各种色素。色素增多，花色自然就特别鲜艳。但这种说法尚未得到证实。

花儿盛开之谜

花开花落，是十分正常的自然现象。但花儿为什么会开放呢？其实，早在一个世纪前，就有人对此进行了研究。德国植物学家萨克斯提出一种假设，他认为，植物体内含有一种特殊物质，正是这种特殊物质在支配花儿开放。

还有的科学家提出另一种假设，认为植物能够开花，也许是由于周围环境的微妙变化决定的。1903年，德国植物学家克列勃斯做了一个实验，他把一种香连绒草放在很弱的光照下，生长了好几年都不见它开花，最后将它们搬到阳光充足的地方，很快就开花了。由此，他提出一个新的观点：给植物创造一些如光照、水分之类的条件，就可以使植物开花。

但他的这种观点被苏联科学家柯洛米耶茨推翻。柯洛米耶茨认为，植物开花，与体内细胞液的浓度密不可分。他通过观察和实验发现，苹果树苗在一般的自然环境下，要4~5年才能开花，但如果对果树进行施肥，提高植物细胞液的浓度，果树只需生长一年便会开花。

　　还有一些科学家通过实验认为：对花的形成、开放起决定作用的是植物生长素。

　　那么，植物开花到底是由内部的特殊物质决定的，还是由周围的环境决定的？是由阳光照射、肥料决定的，还是由植物生长素决定的？抑或是这些因素共同作用的结果。这些问题目前还没有定论，有待于进一步研究。

颜色最稀少的花

我们经常能在生活中看到各种颜色的花，红的、黄的、白的……缤纷的颜色将我们的生活装点得多姿多彩。但我们却很难见到黑色的花，这是什么原因呢？

我们都知道，太阳光是由七种色光组成的。光的波长不同，所含的热量也不一样。花一般都比较柔嫩，容易受到高温的伤害。自然界中的红、橙、黄色花能够反射阳光中含热量多的红、橙、黄色，不致引起自身灼伤，有自我保护作用。而黑色的花能吸收全部的光，在阳光下升温快，容易受到伤害。

还有一个原因，那些传播花粉的蜜蜂、蝴蝶等昆虫喜欢鲜艳的颜色，不理睬黑色。这样一来，黑色花粉得不到传播，繁殖受到影响，从而越来越少。

"花中花" 之谜

　　通常月季花在开放时，一朵即是一朵，但有时(罕见)会发现一朵月季花在盛开时，其中心忽生出一个短柄，柄上再生出一朵月季花的情况，看上去就像是起了个"楼台"，煞是有趣。但这时下面的那朵花便会渐渐凋谢，好像上面那朵新长出的花是来接班的一样。园艺家们认为这是一种变态，在月季花中不多见。倒是月季花花心开花，但花无柄者较多见，出柄的少见。

　　花的这种变态原因，尚不太明确，一般认为，花是变态的枝条，枝条缩到极短，枝条上的叶子变态为花的各个组成部分，如萼片、花瓣、雄蕊、雌蕊等。因此，花中生出短柄来，可能是一种"返祖现象"。

中午不能浇花的原因

植物和人一样需要不断补充水分，才能保持正常的新陈代谢。在夏季，花很容易干旱，要不断给花浇水以补充水分。但是，千万不要在中午给花浇水，否则很容易导致花卉死亡。这是为什么呢？

一天中，中午的气温是最高的，特别是夏天，植物叶面的温度常可高达40℃左右，蒸腾作用特别强，同时水分蒸发也快，根系需要不断吸收水分，以补充叶面蒸腾的损失。如果这个时候给花浇水，土壤温度突然降低，根毛受到低温的刺激，就会立即阻碍水分的正常吸收，而叶面水分蒸发很快，这时水分失去了供求平衡，导致植物叶片焦枯，严重时会引起全株死亡。

有养花经验的人都会在早晚浇花，因为早晚气温较低，浇水后土壤温度与气温差异小，没有引起死亡的危险。如果在阴天，气温变化不大，不管什么时候浇水都可以。

除了花，很多草本植物都不宜在夏天的中午浇水。

浇花的规律

春季是花的生长旺季，此时应该多浇水，并最好在午前浇水；夏季以清晨和傍晚为宜；立秋后花卉生长缓慢，应适当少浇水；冬季多种花卉进入休眠或半休眠期，要控制浇水，冬季浇水宜在午后1~2时进行。

用什么样的水浇花最好

雨水是一种中性水，不含矿物质，有较多的氧气，用来浇花最为理想。用融化后的雪水浇花效果也很好。

花香能治病的原因

你听说过花香能治病吗？花香疗法确实具有治病健身的功效。别具一格的花香疗法不是靠打针吃药，也不用开刀电疗，而是让患者坐在舒适的安乐椅上，一面嗅闻周围花儿溢出的阵阵幽香，一面聆听悠扬悦耳的音乐，不少疾病就是在这花香之中被治愈的。

花香为什么能治病呢？原来，构成花香的主要成分是一些有机化合物。这些有机化合物极易挥发，能够随同花香散发到空中，在人们呼吸时进入人体嗅觉器官，刺激嗅觉神经，使人感到香味的存在。如檀木发出的优雅檀香味，是

一种含有檀香醇的有机化合物；白兰花浓郁的香味伴随着一些有机酸类化合物；还有我们常常嗅到的薄荷清凉香味，主要成分是萜类物质。在闻花香的同时，这些有机化合物在人体内发生作用，能够灭菌驱虫，起到消炎、消毒或缓泻等作用，达到治病的效果。

花香疗法必须在医生的指导下进行，这如同打针吃药一样。因为各种香气的化学性质不同，药理作用也千差万别，甚至有些花香还含有剧毒，一旦使用不当，就会使人中毒，引起过敏甚至休克。

高原上多紫花的原因

　　春天来了，各种各样的花都竞相开放。娇黄的迎春花、鲜红的山茶花，还有粉红的桃花、雪白的李花……把大自然打扮得万紫千红。可是，在青藏高原上，却是紫色的花开得特别多。为什么高原上多紫色的花呢？

　　这是因为高原地区海拔高，大气稀薄，太阳光中的紫外线照到地面比较多。在长期的自然选择中，只有那些花色素为紫色的花，才能有效地反射紫色光，从而适应这种高原的气候条件。

　　我们都知道，太阳光可分为红、橙、黄、绿、青、蓝、紫七种颜色。哪种光波被物体反射，这种物体就会呈现哪种光波的颜色；光若被全部反射时就呈白色；光若被全部吸收时就呈黑色。高原上的野花极需反射紫色光，以免遭受过多紫色光之害，这样，高原上的紫色花就特别多。同时，紫色光在阳光下显得十分光彩夺目，比其他颜色更能引起蜜蜂、蝴蝶等昆虫的注目，更易招引它们来采花传粉，以延续后代。

　　另一个原因是高原寒季长，地温低，有机物较难腐烂，使大多数土壤偏碱性，这也会影响花的颜色，所以深色、紫色花就多了。

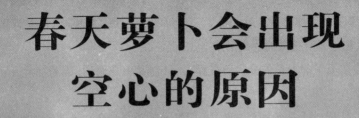

春天萝卜会出现空心的原因

　　萝卜是一种十分常见的蔬菜,冬天和早春的萝卜肉质优良,甚至还能当水果。可是一到春天,萝卜常常变得肉质粗糙,甚至出现空心,这是什么原因呢?

　　萝卜在秋季的生长季节,根和叶片具有不同的功能,根吸收土壤里的水分和无机盐类,叶子则进行光合作用制造养分。冬季天气转冷时,叶里的营养就逐渐往根里贮藏,因此,在冬天，萝卜味道十分鲜美。

有人曾做过试验，萝卜生长的初期，叶子的重量比根重1~2倍；过了半个月以后，根的重量和茎叶的重量就相等了，因为养分累积到了根里；又过了半个月，根的重量就会超过茎叶重量的1~2倍，甚至3倍。

贮藏在根里的大量养分会留在春天萝卜抽薹开花时用，因为抽薹开花时需要大量养分。

到了春天，萝卜开始抽薹开花，根里贮藏的养分就会被迅速地消耗掉，纤维素反而增多。结果，根的肉质由致密的、透明的状态变成疏松的、好像由棉絮构成的状态，也就是大家知道的空心现象，并且会变得干而无味。

所以，为了避免萝卜变空心，应该在抽薹以前收获。

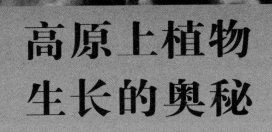

高原上植物生长的奥秘

在世界某些高原上，有的植物会出现一些特殊的生长趋势，引起了人们的注意。

13世纪意大利著名的旅行家马可·波罗发现帕米尔高原的植物生长与其他地方的植物生长很不一样。在海拔2 100~3 800米的高处这样极端恶劣的环境下，生长着各种各样的果树，也有美国的橡树和桦树、西伯利亚落叶松，还有远东的五加皮等。这些植物能承受冬季-30℃的严寒和夏季35℃以上的酷暑。更令人惊讶的是，它们的生长速度还特别快，植株和果实也长得非常大，真是高原奇迹！

在非洲的扎伊尔和乌干达交界处，有一个名叫卢文佐利的地方，那里海拔高达3 300米，生长着一种平原上很不起眼的小植物——石南，在那里竟能长到25米高。在欧洲最多只有半米高的金丝桃，在那里也能长到15米。这些都十分令人惊奇。

高原植物为什么会出现这样奇特的生长趋势呢？经过科学家们对高原植物和它们的生长环境进行考察和研究后发现，这些都是由高原特殊的地理环境和气候条件决定的。如帕米尔地区，空气新鲜而干燥，二氧化碳的含量极为稀少；卢文佐利地区，降雨量很大，气温很高，土壤中的矿物质含量非常丰富。另外，高原高强度的紫外线有可能使控制植物生长的细胞染色体产生遗传突变，从而改变植物的生长速度。

不过这些都还是科学家们的初步研究结果，尚未定论，高原植物生长的奥秘究竟是什么？还有待于进一步研究。并且这方面的研究必将对人类控制农作物及经济作物的生长产生积极的影响。

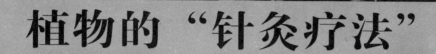

植物的 "针灸疗法"

为了防止病虫侵害植物，长期以来人们最常用的方法就是对植物施肥、喷农药，但这两种方法却容易产生一些环境问题。为了找出更加有效的环保方法，科学家们一直在为此进行不懈的努力。

十几年前，国外两名科学家惊奇地发现，有些植物会出现与人类的"血脉堵塞""神经衰弱"等病类似的情况，并导致植物生长缓慢、产量降低。两位科学家突发奇想：能不能运用给人治病的方法来给植物治病呢？说做就做，他们给植物通以微电流，结果植物不但恢复了健康，产量也成倍增加了。经过"电疗"的桃子没有了令人讨厌的绒毛，黄瓜经过"电疗"后没有了籽，洋葱经过"电疗"后没有了能使人流泪的辛辣气味。

我国山西的果树专家也用类似的方法给因缺铁而患"黄化尖绿症"的苹果树治过病。他们给缺铁的苹果树配置了一种特制的补铁药液，并像给人类打针那样，把药液注射进树的主根部位。结果疗效明显，苹果树很快恢复了健康。直到现在，这项技术都还处于世界领先地位。

我国传统的中医疗法也能运用到对植物的治疗中。在我国民间，很早就有人用针刺法给植物治病。我国南方一些经验丰富的老农，常用两根很细的竹签刺在玉米靠近根茎的"节巴"处。这样的玉米不但长得分外粗壮，连结出的玉米棒子也比没有被针刺过的玉米多得多。巴西和其他一些国外的生物学家也曾将我国这种针灸的办法运用于果树栽培，结果被针灸过的果树开花结果都更多，枝叶也更加茂盛。

为什么针灸对植物会有如此神奇的功效呢？研究人员发现，针刺后，植物通过光合作用而得到的营养物质，会比较多地停留在开花结果的部位，促进了植物的生长。而且针刺还可以加速植物细胞的分裂过程，提高植物产量。

不过针刺为什么能让植物生长得更好，是巧合还是必然？科学界目前还没有得出足以让人信服的结论。

生长在盐碱地中的胡杨

盐碱地的土壤中含有过量氯化物、硫酸盐、碳酸钠、硝酸盐等盐分，科学家们发现，这些渗透压很高的盐水会阻碍植物的根吸收水分，从而导致植物因缺水而枯死。而且土壤中过多的可溶性盐类，会使植物"中毒"。因此，一般植物很难在含盐量超过0.05%的土壤里存活下来。但令人惊奇的是，胡杨居然能生长在含盐1%~3%的盐碱地中，并且把这里当成了生长的乐园。这是什么原因呢？

20世纪60年代，美国科学家伯恩

斯坦和两位澳大利亚科学家提出了"渗透学说"来解释胡杨、盐角草、碱蓬、柽柳、匙叶草等抗盐植物的这种本领。他们认为，这与植物的蒸腾作用有关，这些盐碱地中生存的植物会减少自己叶面水分的蒸腾，从而保证生存必需的水分。如柽柳、胡杨和匙叶草的茎叶上布满了泌盐腺，它的功能是将从盐碱地中吸收的过多盐分排出体外。碱蓬和盐角草的肉质叶和茎能够与盐相互结合，它们细胞的含水量有的高达95%，因此，具有高度的抗盐能力。胡颓子、田菁和艾蒿的细胞内含有较多的有机酸和糖类，细胞的吸水能力很强，对盐的排斥力很强。瓣鳞花也能将吸收的盐分与水充分溶解，水分干了之后，叶面上盐的结晶颗粒被风一吹就散落了。

　　另外，别名"盐吸"的黄须，也是抗盐能力很强的一种草本植物。黄须发达的根系能将土壤变得疏松，加强土壤的渗透力。人们只要在盐碱地上种过一年黄须，75厘米深的土壤内的含盐量就会只剩0.1%。因此，黄须又被称为"吸盐器"。

水果皮上的
白霜之谜

在吃苹果、葡萄、柿子等水果时，你是否发现，这些水果外面都裹了一层白霜，就像给水果穿了一件白色的"外衣"。那么，这件"外衣"到底是什么呢？很多人都认为，它是农药残留物。其实并不是，水果在发育成熟时，体内会分泌出一种糖醇类物质，它是生物合成的天然物质，对人体完全无害。

但是，并不是所有水果皮上的白霜都是无毒的。在水果的生长过程中，为了防止发生病虫害，果农们大多都会喷洒由硫酸铜和石灰混合制成的杀虫剂。有时候我们看到水果表面上的白霜和蓝色斑点就是石灰粉和硫酸铜的残留物，对人体有一定的毒性。因此，吃水果前一定要用水清洗干净或充分浸泡。